2. IMMOBILIEN-ZUKUNFTSTAG
Lebenswerte Stadtquartiere

Elfriede Neuhold (Hrsg.)

Tagungsband

2. IMMOBILIEN-ZUKUNFTSTAG
Lebenswerte Stadtquartiere

17. Oktober 2019
Donau-Universität Krems, Österreich

Impressum:

Herausgeberin: Elfriede Neuhold
Design und Layout: Richard Sickinger
Umschlaggestaltung: Angelika Lauster
Umschlagfoto: Walter Skokanitsch
Lektorat: Petra Hammer

 Creative Commons License CC BY-NC-ND
https://creativecommons.org/licenses/by-nc-nd/4.0/deed.de

Verlag: Edition Donau-Universität Krems
Herstellung: Tredition

ISBN
Paperback: 978-3-903150-61-4
E-Book: 978-3-903150-62-1

Krems, Mai 2020, Erste Auflage

Kontakt: Department für Bauen & Umwelt, Donau-Universität Krems
www.donau-uni.ac.at/dbu

Die in der Publikation geäußerten Ansichten liegen in der Verantwortung der
AutorInnen und geben nicht notwendigerweise die Meinung der Donau-Universität
Krems wieder.

Inhaltsverzeichnis

Elfriede Neuhold, Christian Hanus
Vorwort
Seite 08

Christina Ipser, Gregor Radinger
Der (Frei-)Raum als dritter Pädagoge –
Mensch-Gebäude-Wechselwirkungen am
Beispiel von Lernräumen für die Weiterbildung
Seite 12

Elfriede Neuhold
Ganzheitliche Verantwortung für Planung,
Entwicklung und Betrieb von Stadtquartieren
Seite 24

Elisabeth Oberzaucher
Homo Urbanus: Learning from the Past
to Build for the Future
Seite 42

Daniela Trauninger, Christine Rottenbacher
CoolKREMS – Messung und Beeinflussung der
Klima-Resilienz von Siedlungsgebieten
Seite 48

Wolfgang Stumpf
Intelligente Vernetzung von Gebäuden
Seite 64

Albert Treytl, Daniela Trauninger, Wolfgang Stumpf,
Markus Winkler, Aleksey Bratukhin
Kastenfenster 2.0 – Intelligente Fenster zur
passiven Kühlung von Gebäuden
Seite 74

Verzeichnis der Autorinnen und Autoren
Seite 88

Vorwort

Am 17. Oktober 2019 veranstaltete das Department für Bauen und Umwelt den 2. Immobilien-Zukunftstag „Lebenswerte Stadtquartiere", bei dem aktuelle Forschungsergebnisse rund um Gebäude und Stadtquartiere vorgestellt wurden.

Das Stadtquartier ist eine funktionale Einheit, welche für die Menschen nicht nur eine versorgende Funktion hat, sondern auch Lebensraum, Erholungsraum und Raum für sozialen und kulturellen Austausch bietet. Darüber hinaus sind Stadtquartiere als Konglomerat von Wasserinfrastruktur, Gebäuden, Anlagen und Straßen sowie von Pflanzen von zunehmender Bedeutung für die Resilienz der Städte in Bezug auf sommerliche Überhitzung. Neue Ansätze und Technologien werden hier für Gebäude und Gebäude-Verbünde entwickelt. Die Forschung schafft Innovationen für eine neue Lebensqualität, die aufgrund der rechtlichen Rahmenbedingungen nicht gleich umsetzbar sind. Forschungsergebnisse und Evidenz können aber auch Rahmen für Änderungen schaffen. Vielfach braucht es jedoch einerseits ein Miteinander sowie andererseits - analog dem „Über-den-Tellerrand-Blick" - einen Blick über die Grenzen des eigenen Fachgebietes sowie über die Grenzen des eigenen Grundstücks hinweg, um Lösungspotenziale zu ermitteln.

Die Klimamodellregion Krems war Kooperationspartner des Departments für Bauen und Umwelt für den Immobilien-Zukunftstag, mit dem das gemeinsame Forschungsprojekt namens CoolKREMS durchgeführt wurde.

Studierende des Departments für Bauen und Umwelt, konkret der Lehrgänge Building Innovation, Facility und Property Management, Real Estate Management sowie Sanierung und Revitalisierung nahmen bei dieser Tagung teil und konnten sich untereinander vernetzen.

Am Nachmittag wurden diverse Workshops zu zukunftsweisenden Themen abgehalten. Die Teilnehmenden beteiligten sich aktiv an der Ausarbeitung der Lösungen. So wurden jeweils die drei wichtigsten Handlungsempfehlungen ausgearbeitet und die TeilnehmerInnen konnten sich fachlich austauschen. In einem Walking-Workshop wurden die von den Teilnehmenden subjektiv empfundenen räumlichen Eigenschaften unterschiedlicher Lernumgebungen am Campus der Donau-Universität Krems erhoben. Die Ergebnisse dieser Analysen werden im Beitrag von Christina Ipser und Gregor Radinger dargestellt und interpretiert.

Die Tagung wurde mit einer Podiumsdiskussion abgeschlossen. Dabei wurde diskutiert, wie man Gebäude und Stadtquartiere gestalten kann, damit sich Menschen dort auch in Zukunft wohl fühlen.

Nun zur Übersicht der Beiträge der AutorInnen in alphabetischer Reihenfolge der ErstautorInnen:

Im Rahmen des Beitrags „Der (Frei-) Raum als dritter Pädagoge" von Christina Ipser und Gregor Radinger werden räumliche Eigenschaften von studentischer Lernumgebung thematisiert, da Wechselwirkungen zwischen Menschen und ihrer gebauten Umwelt zunehmend als bedeutsam für Gesundheit und Wohlbefinden der NutzerInnen und darüber hinaus für den Lernerfolg von Studierenden erkannt werden.

Elfriede Neuhold geht in ihrem Beitrag auf die Frage ein, welche Komplexität in städtischen Quartieren gemeistert werden muss. Dabei werden die Makro-, Meso- und Mikroebenen identifiziert und einige Lösungsansätze vermittelt, unter anderem die Schaffung von QuartiersmanagerInnen nach dem Vorbild der Facility ManagerInnen. Vor allem in Hinblick auf die vermehrt geforderte Vernetzung von öffentlichen Räumen, von der blauen und grünen Infrastruktur wie auch der energetischen Vernetzung von Gebäuden im Quartier könnten neue Berufsbilder entstehen. Bei aller Komplexität wird jedoch auch auf die Fähigkeit des Menschen hingewiesen, komplexe Fragestellungen auch intuitiv anzugehen.

Gastreferentin Elisabeth Oberzaucher, wissenschaftliche Direktorin des Forschungsinstitutes Urban Human und Vizepräsidentin der International Society for Human Ethology, führt den LeserInnen vor Augen, wie Menschen evolutionsbedingt mit der sozialen Komplexität von urbanen Räumen überfordert sein können und fordert daher eine auf die menschlichen Bedürfnisse abgestimmte Planung von öffentlichen Räumen.

Im Bericht über das Forschungsprojekt CoolKREMS steht die Erforschung der Resilienz von städtischen Räumen in Krems gegen urbane Hitze im Zentrum der Forschungstätigkeit der Wissenschafterinnen Christine Rottenbacher und Daniela Trauninger.

Wolfgang Stumpf setzt sich in seinem Beitrag „Intelligente Vernetzung von Gebäuden" mit den neuesten Erkenntnissen im Bereich Anergienetze auseinander und zeigt dadurch auf, wie die Vernetzung von Gebäuden in einem Anergienetz die Verbräuche und Produktion von Strom, Wärme und Kälte gebäudeübergreifend optimieren kann.

Das Forschungsprojekt CoolAIR, dessen erste Forschungsergebnisse von Daniela Trauninger, Albert Treytl, Wolfgang Stumpf, Markus Winkler und Aleksey Bratukhin vorgestellt werden, beinhaltet die sensorgesteuerte Nachtlüftung von Räumen im denkmalgeschützten Altbau der Donau-Universität Krems. Die komplexen Regelzusammenhänge und Programmabläufe einer modell-prädiktiven Regelung werden dabei auch für Nicht-ElektrotechnikerInnen äußerst verständlich vermittelt.

Abschließend möchte ich mich bei allen Vortragenden und allen weiteren Mitwirkenden herzlich für Ihr Engagement und ihre Beiträge bedanken. Besten Dank auch für die Bereitschaft, dass dieses Buch mit einer Creative Commons-Lizenz frei im Internet verfügbar sein kann (und zwar unter den folgenden Bedingungen: Namensnennung des Autors/der Autorin verpflichtend – keine kommerzielle Nutzung erlaubt – keine Bearbeitung und Veränderung des Werks erlaubt). Details finden Sie im Internet unter https://creativecommons.org/licenses/by-nc-nd/4.0/

Auch bei dieser Veranstaltung galt: das Gesamtergebnis ist mehr als die Summe seiner Teile. Mein besonderer Dank gilt auch Petra Hammer und Richard Sickinger für das Lektorat und das Layout des Tagungsbands.

Dr. Elfriede Neuhold, Herausgeberin
Lehrgangsleiterin „Facility und Property Management"
Zentrum für Immobilien- und Facility Management
Department für Bauen und Umwelt
Donau-Universität Krems

Univ.-Prof. Dr. sc. techn. Dipl. Arch. ETH Christian Hanus
Dekan der Fakultät für Bildung, Kunst und Architektur
Leiter des Departments für Bauen und Umwelt
Donau-Universität Krems

Donau-Universität Krems
10. März 2020

Der (Frei-)Raum als dritter Pädagoge – Mensch-Gebäude-Wechselwirkungen am Beispiel von Lernräumen für die Weiterbildung

Christina Ipser, Gregor Radinger
Department für Bauen und Umwelt, Donau-Universität Krems

Die architektonische Gestaltung und technische Ausstattung von Lernräumen sind wesentliche Einflussfaktoren für Lernerfolg, Motivation, Kreativität sowie Gesundheit und Wohlbefinden von Lehrenden und Lernenden im Weiterbildungsbereich. Von der Antike bis in die Gegenwart haben sich Vorstellungen und Anforderungen an formale Lernräume stets verändert. Aktuelle gesellschaftliche und technologische Entwicklungen führen auch heute zur Transformation von Lernumgebungen und –infrastrukturen.

Im Rahmen eines am 2. Immobilien-Zukunftstag durchgeführten Workshops wurde die Eignung verschiedener Innenräume und Freiraumbereiche für bestimmte Nutzungsszenarien aus Sicht der TeilnehmerInnen eruiert und qualitative Eigenschaften, die mit diesen Räumen in Verbindung gebracht werden, erhoben. Dabei kam ein diversifiziertes Methoden- und Auswertungsset zur Anwendung, aus dem räumliche Präferenzen für unterschiedliche Lernaktivitäten abgeleitet werden können.

Space as 3rd Pedagogue - Human-Building-Interactions of Learning Spaces for Continuing Education

Architectural design and technical equipment of learning spaces are essential factors for learning outcome, motivation, creativity as well as health and well-being of teachers and learners in the field of adult education. From antiquity to the present day, ideas and requirements for formal learning rooms have constantly changed. Current social and technological developments continue to transform learning environments and infrastructures.

In a workshop held on the 2. Immobilien-Zukunftstag the suitability of various interiors and open space areas for certain usage scenarios was investigated from the participants' point of view and qualitative characteristics associated with these spaces were ascertained. A diversified set of methods and evaluation tools was used, from which spatial preferences for different learning activities can be derived.

1. Einleitung

"We shape our buildings and afterwards our buildings shape us." [1]

Winston Churchill („House of Commons Rebuilding" 1943)

Angesichts der Zerstörungen des 2. Weltkrieges wurden in London im Oktober 1943 verschiedene Varianten für den Wiederaufbau des britischen Parlamentsgebäudes diskutiert. Mit seiner pointierten Aussage, wonach das Handeln und Befinden von Menschen durch die Gestaltung ihrer gebauten Umgebung wesentlich beeinflusst werden, sprach sich der damalige Premierminister Winston Churchill dafür aus, die „Common Chamber" wieder in ihrer vorherigen Form - also mit dicht gedrängten, einander gegenüberliegenden Sitzreihen - aufzubauen. Diese kontroverse und auf räumlichen Komfort weitgehend verzichtende Anordnung entsprach nach seinem Dafürhalten eher der Diskussionskultur des Parlamentarismus im Vereinten Königreich, als eine geräumigere, U-förmige Anordnung, wie sie von einigen seiner Opponenten befürwortet wurde. Mit seinem prägnanten Zitat setzte sich Churchill nicht nur gegen seine Kontrahenten durch, sondern brachte architekturpsychologische und –soziologische Erkenntnisse über die Wechselwirkungen zwischen menschlichem Befinden und Verhalten sowie räumlichen Gegebenheiten auf den Punkt.

Auch für den Bildungsbereich ist die Erforschung der Zusammenhänge zwischen der Gestaltung der Umgebung und den darin ablaufenden Lehr- und Lernprozessen von fundamentaler Bedeutung. Neben dem Erreichen von Lernerfolgen sind dabei der Erhalt und die Förderung von Motivation und Kreativität, aber auch der Gesundheit von Lehrenden und Lernenden wesentliche Zielsetzungen.

Ein Blick in die historische Entwicklung von Lernräumen und -orten im westlichen Kulturkreis zeigt die starke Verbindung zwischen Prozessen der Wissensvermittlung und -generierung und ihrem räumlichen Umfeld. So sind die vier großen institutionell organisierten Philosophenschulen der Antike jeweils nach den Orten oder Bauwerken benannt, an denen in der ersten Zeit nach ihrer Gründung gelehrt und gelernt wurde: Die Platonische Akademie ist nach dem „Hain des Akademos" benannt, der aristotelische Peripatos (altgriechisch περίπατος) bezieht seinen Namen von einer „Wandelhalle". Die von Zenon von Kition gegründete Stoa (altgriechisch στοά) ist nach der „Säulenhalle" auf der Agora, dem antiken Marktplatz in Athen, benannt, und Kepos (κῆπος), wie die epikureische Schule auch bezeichnet wird, ist das altgriechische Wort für „Garten".

Dabei existierte in der griechischen Antike noch kein formales Hochschulsystem. Der Unterricht fand überwiegend in Form von Dialogen statt, während derer die Studierenden sich an unterschiedlichen Orten frei um die Lehrenden versammelten oder mit diesen spazierten. Abb. 2 zeigt schematisch die Entwicklung der räumli-

Abb. 1: *In seinem für das päpstliche Unterschriftenzimmer erstellten und im Jahr 1511 vollendeten Fresko "Die Schule von Athen" versammelte der Maler Raffael (1483 – 1520) Wissenschaftler und Philosophen der Antike vor einer imposanten Renaissance-Architektur. Unter ihnen finden sich die Begründer der vier großen philosophischen Denkschulen des Altertums: Platon (im Zentrum links mit rotem Gewand) als Begründer der platonischen Akademie, Aristoteles (im Zentrum rechts mit blauem Gewand) als Begründer des Peripatos, Zenon von Kition (ganz links hinter der Säulenbasis mit Bart und grüner Kopfbedeckung) als Begründer der Stoa und Epikur (links an die Säulenbasis gelehnt mit blauem Gewand) als Begründer des Kepos.*

chen Anordnung von Lehrenden und Studierenden seit der Antike nach Park und Choi (2014). [2]

Ab dem Mittelalter setzten sich formalere räumliche Strukturen im Bildungsbereich durch. In mittelalterlichen Domschulen saßen die Studierenden an zwei einander gegenüberliegenden Pultreihen, so wie Mönche und Non-

nen während der Messe im Chorgestühl katholischer Kloster- oder Stiftskirchen. Die Illustration von Étienne Colauds aus dem 16. Jahrhundert in Abb. 3 zeigt eine Zusammenkunft von Doktoren an der Universität Paris in einer solchen räumlichen Anordnung.

Mit den aufkommenden mittelalterlichen Universitäten wurden größere

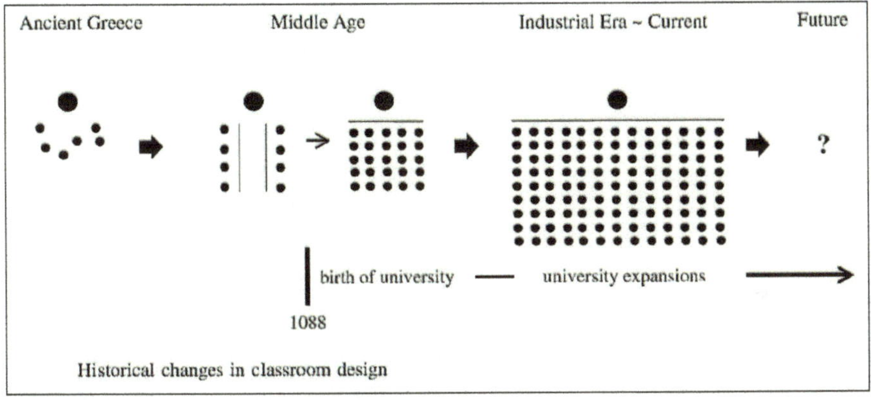

Abb. 2: *Schematische Darstellung der räumlichen Anordnung von Lehrenden und Studierenden im westlichen Kulturkreis nach Park und Choi (2014). [2]*

und spezieller zugeschnittene Räume für die Lehre erforderlich, daraus entwickelten sich teilweise bis heute übliche universitäre Raumstrukturen. Darstellungen von mittelalterlichen Studienszenen wie jene des italienischen Malers Laurentius de Voltolina aus der zweiten Hälfte des 14. Jahrhunderts (Abb. 4) zeigen häufig einen Lehrenden vorne in der Mitte des Raumes an einem Lesepult stehend und aus einem Buch vorlesend, während die Zuhörenden in mehreren gegenüberliegenden Pultreihen sitzen. Da Papier und Bücher zu dieser Zeit wertvoll und nicht einfach für jeden zugänglich waren, diente der Vortrag vor allem dazu, das in Büchern und Manuskripten enthaltene Wissen durch Vorlesen an die Studierenden weiterzugeben.

In Abb. 2 ist schematisch dargestellt, wie sich seit dem beginnenden Ausbau der Universitäten in der Zeit der Industrialisierung auch die Hörsäle

veränderten. Da die akademische Bildung nun nicht mehr einer kleinen Personengruppe vorbehalten war,

Abb. 3: *Die Illustration von Étienne Colauds aus dem 16. Jahrhundert zeigt eine Zusammenkunft von Doktoren an der Universität Paris.*

Abb. 4: *Das Gemälde des italienischen Malers Laurentius de Voltolina aus der zweiten Hälfte des 14. Jahrhunderts zeigt einen Hörsaal an der Universität Bologna mit vier Pultreihen.*

wurden mit der Entwicklung von einer Elite- zur Massenuniversität größere Universitätsgebäude und vor allem auch größere Hörsäle für die effiziente Abwicklung der Lehre erforderlich. Während die räumliche Grundstruktur die gleiche blieb – dem oder der Vortragenden sitzen viele Studierende in mehreren Reihen gegenüber – wurde die Anzahl der Pulte und Pultreihen erhöht. Diese Form von Hörsälen ist bis heute an Universitäten und Hochschulen weit verbreitet (vgl. Abb. 5).

Aktuelle gesellschaftliche und technologische Entwicklungen führen dazu, dass transdisziplinäres, lebenslanges Lernen, das Verstehen komplexer Systeme und die kreative Entwicklung von neuem Wissen zunehmend an Bedeutung gewinnen. Das erfordert nicht nur didaktische und methodische Weiterentwicklungen im Bereich der Erwachsenenbildung, sondern bringt auch veränderte Anforderungen an Lernumgebungen und Lerninfrastrukturen mit sich. Über die erforderlichen Eigenschaften von räumlichen Umgebungen für Lernen und Innovation und deren Einfluss auf Gesundheit, Wohlbefinden und Verhalten von Lehrenden und Lernenden ist in verschiedenen Fachdisziplinen wie der Architektur- und Bauforschung, der Bildungsforschung oder der Kreativitäts- und Innovationsforschung unterschiedliches Wissen verfügbar. Die spezifischen räumlichen Anforderungen im Weiterbildungsbereich sind derzeit noch wenig untersucht, obwohl bekannt ist, dass sich die Erwachsenenbildung erheblich vom Lernen in formalen Bildungssystemen unterscheidet. Ziel des vom Departments für Bauen und Umwelt geleiteten, fakultätsübergreifenden Projektes "Learning and Innovation Spaces for Continuing Education" [LIS], das von Jänner 2019 bis Dezember 2020 unter Beteiligung von insgesamt acht Departments an der Donau-Universität Krems durchgeführt wird, ist es, den Einfluss der Gestaltung von multidimensionalen Lern- und Innovationsräumen auf den Erfolg von Weiterbildungsmaßnahmen im Kontext aktueller gesellschaftlicher und technologischer Entwicklungen zu untersuchen. Dies erfolgt durch die Integration der wissenschaftlichen Expertise verschiedener Fachdisziplinen in einem transdisziplinären Prozess, anhand konkreter Fallstudien und unter Einbeziehung aller relevanten Stakeholder.

2. Walking Workshop - Lern(Frei-)räume für Weiterbildung am Campus der Donau-Universität Krems

Im Rahmen des 2. Immobilien-Zukunftstages wurde am Campus der Donau-Universität Krems in einem Workshop mit TeilnehmerInnen der Veranstaltung (überwiegend Studierende aus verschiedenen Lehrgän-

Abb. 5: *Der Auer-von-Welsbach Hörsaal (damals „Großer Hörsaal") der Universität Wien wurde 1922 mit einem Vortrag von Wilhelm Schlenk eröffnet (einsehbar unter: https://org-chem.univie.ac.at/geschichte/). Das hier abgebildete Audimax am neuen Campus der Wirtschaftsuniversität Wien wurde knapp hundert Jahre später errichtet und gleicht in seiner räumlichen Anordnung dem ehemaligen großen Hörsaal der Universität Wien.*

gen des Departments für Bauen und Umwelt) ein beispielhaftes Untersuchungsexperiment durchgeführt.

Ziel der Untersuchung war es, die Einschätzung der TeilnehmerInnen über die Eignung von Innenräumen und Freiraumbereichen am Campus für bestimmte Lernaktivitäten zu eruieren und zu erheben, welche qualitativen Eigenschaften mit diesen Räumen in Verbindung gebracht werden.

Fragestellungen und Untersuchungsmethoden

Folgende Fragestellungen lagen den Untersuchungen zugrunde:

- Welche Räume und Orte am Campus (Innen- und Außenraum) werden für bestimmte Aktivitäten als besonders geeignet empfunden?
- Wie wirken diese auf uns?
- Welche Räume und Orte im *Stadtquartier Campus Krems* werden als gute Lernräume erachtet?

Fünfzehn Veranstaltungs-BesucherInnen nahmen an dem Untersuchungsexperiment teil. Zunächst wurden Lagepläne des Universitätsgeländes an die TeilnehmerInnen verteilt. Diese waren aufgefordert, im Zuge einer ca. 30 Minuten dauernden, individuellen Campus-Begehung Raumbereiche (Innen- und Außenräume) zu identifi-

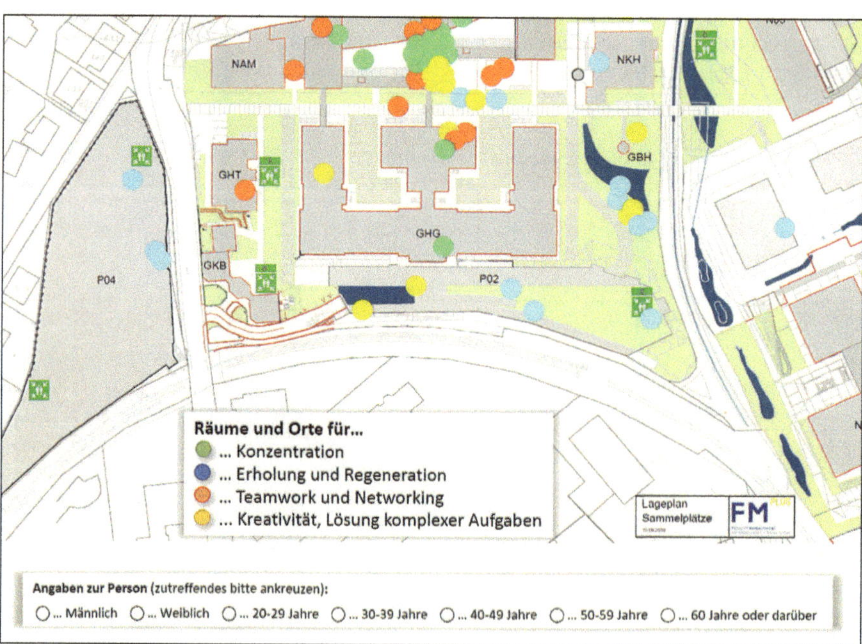

Abb. 6: *Erhebungsbogen zur Kennzeichnung von Räumen, die mit verschiedenen Lernaktivitäten in Verbindung gebracht werden.*

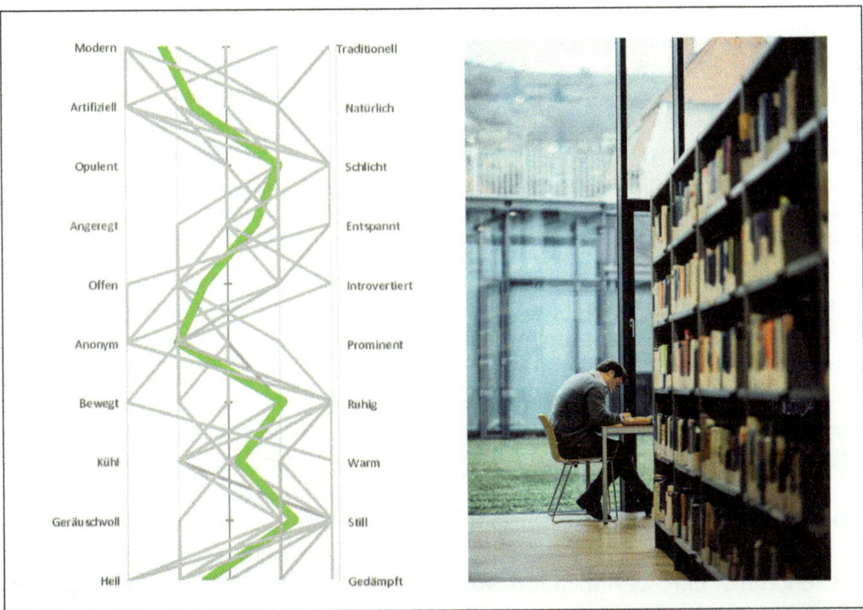

Abb. 7: *Zusammengeführtes Befragungsergebnis (Semantisches Differenzial, Mittelwert in grün) für Räume die mit Konzentration in Verbindung gebracht werden (links). Freihandbereich der Bibliothek an der Donau-Universität Krems (rechts).*

zieren, die aus ihrer Sicht für vier Aktivitäten besonders geeignet sind, die mit Lernprozessen in Zusammenhang stehen. Mit je einer Farbmarkierung (Klebepunkt) wurden dabei Raumbereiche für „Konzentration", „Erholung und Regeneration", „Teamwork und Networking" sowie „Kreativität und Lösung komplexer Aufgaben" auf den Lageplänen gekennzeichnet. Im Anschluss wurden die auf Einzelplänen angebrachten Tags auf einen Gesamtplan übertragen. Daten in Bezug auf Altersgruppe und Geschlecht der TeilnehmerInnen der Versuchsgruppe wurden auf den ausgegebenen Erhebungsbögen anonymisiert abgefragt. Die vergleichbare Zuordnung von qua-

litativen Eigenschaften zu den ausgesuchten Raumbereichen erfolgte anhand der Methode des semantischen Differenzials, also durch Erstellen von Polaritätsprofilen. Dabei gaben die TeilnehmerInnen auf einem Fragebogen mit gegensätzlichen Eigenschaftspaaren an, wie stark sie die ausgewählten und markierten Raumbereiche mit unterschiedlichen Eigenschaften in Verbindung bringen:

* modern – traditionell
* artifiziell – natürlich
* opulent – schlicht
* angeregt – entspannt
* offen – introvertiert
* anonym – prominent
* bewegt – ruhig

- kühl – warm
- geräuschvoll – still
- hell – gedämpft

Die Angaben wurden anschließend in ein Tabellenbearbeitungsprogramm übertragen und durch Polaritätsprofile diagrammhaft dargestellt (vgl. Abb. 2). In einer offenen, circa 15-minütigen Gesprächsrunde wurden abschließend individuelle Beobachtungen hinsichtlich räumlicher Besonderheiten, die im Zuge der Campusbegehung gemacht wurden, geäußert und schriftlich dokumentiert.

Workshopergebnisse

Das Ergebnis der Identifikation von Raumbereichen für unterschiedliche Lernaktivitäten in Abb. 6 zeigt, dass insbesondere der Foyerbereich der Bibliothek als Raum für kreatives Arbeiten gekennzeichnet wird (gelbe Markierung). Teamworking und Lösungsentwicklungen für komplexe Aufgaben finden ebenfalls dort sowie im Bereich der nahegelegenen Cafeteria statt (rote Markierung). Konzentration erfordernde Aufgaben beschränken sich auf den (vorderen) Bibliotheksbereich (grüne Markierung). Die allgemein zugänglichen Raumbereiche des historischen Altbaus und der modernen Bauteile C und D mit ihren großen Flächenangeboten werden nur von wenigen TeilnehmerInnen als geeignete Lernumgebung markiert. Als adäquate Raumbereiche für Erholung und Regeneration aber auch als Umgebung für Kreativität erfordernde Aufgaben werden überwiegend die

Außenflächen gekennzeichnet (blaue Markierung). Dabei finden insbesondere die im Osten bzw. Südosten des Campus gelegenen Bereiche mit ihrer Nähe zur Wasserfläche und mit Fernblick in Richtung Donautal Beachtung.

Als geeigneter Raum für konzentriertes Arbeiten wurde am häufigsten der Bibliotheksbereich gekennzeichnet. Die zugehörigen Polaritätsprofile sind in Abb. 7 zusammengeführt und lassen eine Tendenz zu den Eigenschaften eher schlicht als opulent, eher anonym als prominent und eher still als geräuschvoll erkennen. Bei den Eigenschaftspaaren modern und traditionell, offen und introvertiert sowie bewegt und ruhig streuen die Angaben hingegen sehr stark.

Im Rahmen der offenen Gesprächsrunden, bei der die TeilnehmerInnen Kommentare und Beobachtungen in Bezug auf die Qualität der besuchten Lern- und Regenerationsräume äußern konnten, wurden unter anderem folgende Anmerkungen abgegeben:

- Freiräume bieten einen notwendigen Kontrast zum Aufenthalt im Innenraum
- Kunst-am-Bau-Installationen sind Stimulatoren für die Bewältigung kreativer Aufgaben
- Der Bereich um das Biotop ist ein adäquater Ort für Erholung und Regeneration, es gibt dort keine Lärmkulisse
- Mit Ausnahme der Magistrale fehlt es an räumlichen Angeboten für Bewegung, dies wäre angesichts überwiegend im Sitzen durchge-

führter Aktivitäten wünschenswert
* Das angeschaffte Mobiliar im Foyerbereich der Bibliothek wird als sehr geeignet und praktikabel erachtet

Schlussfolgerungen und Ausblick

Im Rahmen des durchgeführten Experiments wurde durch Befragung von 15 TeilnehmerInnen erhoben, welche Innen- und Außenbereiche am Campus der Donau-Universität Krems von diesen für unterschiedliche Lernaktivitäten als geeignet beurteilt werden. Die am häufigste markierten Flächen liegen im zentralen Campusbereich und damit im Umfeld von Bibliothek und Cafeteria. Allgemein zugängliche, mitunter mit Sitzmöblierung jedoch nicht mit weiteren Attraktoren und Versorgungsangeboten ausgestattete Bereiche innerhalb des Alt- und Neubaus wurden nur selten als Lern- und Kommunikationsräume vermerkt. Freiräume wurden vor allem als geeignete Umgebung für Erholung und Entspannung gekennzeichnet. Dabei ist eine Präferenz für Bereiche mit landschaftsplanerischen Gestaltungsmaßnahmen mit Wasserflächen und Baumgruppen erkennbar.

Für die markierten Orte wurde anhand eines semantischen Differenzials eruiert, mit welchen Eigenschaften diese in Verbindung gebracht werden. Dadurch konnten Anhaltspunkte über Zusammenhänge zwischen unterschiedlichen Lernaktivitäten und den Eigenschaften von dafür als geeignet eingeschätzten Räumen gewon-

nen werden, die in weiterführender Forschung näher untersucht werden sollen. Darüber hinaus veranlassen die Experimente dazu, Konzepte für Innen- und Außenbereiche zu entwickeln, um das hohe Raumpotenzial des Campus bestmöglich für Lern- und Lehraktivitäten und damit im Sinne der Studierenden, des Lehrpersonals und des Lernerfolgs nutzen zu können. ◆

Literaturverzeichnis

[1] „House of Commons Rebuilding". 1943. Sitzung des Britischen Parlaments vom 28. Oktober 1943. Vol 393, col. 403. Hansard. https://api.parliament.uk/historic-hansard/commons/1943/oct/28/house-of-commons-rebuilding#column_403

[2] Park, Elisa L., und Bo Keum Choi. 2014. „Transformation of Classroom Spaces: Traditional versus Active Learning Classroom in Colleges". Higher Education 68 (5): 749–71. https://doi.org/10.1007/s10734-014-9742-0

Bildverzeichnis

Abb. 1: Quelle: https://commons.wikimedia.org/wiki/File:La_scuola_di_Atene.jpg , „La scuola di Atene", als gemeinfrei gekennzeichnet

Abb. 2: Park und Choi (2014) [2]

Abb. 3: https://commons.wikimedia.org/wiki/File:Meeting_of_doctors_at_the_university_of_Paris.jpg, „Meeting of doctors at the university of Paris", als gemeinfrei gekennzeichnet

Abb. 4: Quelle: https://commons.wikimedia.org/wiki/File:Laurentius_de_Voltolina_001.jpg, „Laurentius de Voltolina 001", als gemeinfrei gekennzeichnet

Abb. 5: GBW.at (https://commons.wikimedia.org/wiki/File:Audimax_WU.jpg), „Audimax WU", https://creativecommons.org/licenses/by/2.0/legalcode

Abb. 6: Eigene Darstellung

Abb. 7: Eigene Darstellung (links), Donau-Universität Krems (rechts)

Ganzheitliche Verantwortung für Planung, Entwicklung und Betrieb von Stadtquartieren

Elfriede Neuhold
Department für Bauen und Umwelt, Donau-Universität Krems

Stadtquartiere wirken auf Mensch und Umwelt. Auf der Mikro-, Meso- und Makroebene eines Stadtquartiers wirken verschiedene Stakeholder, die juristische oder natürliche Personen sind. Es handeln jedoch immer nur Menschen. Es gibt verschiedene Formen der Verantwortung, allen voran die Wirtschaftsethik, welche die Verantwortung vor externen Instanzen (Stakeholdern) anspricht, sie wird aber nur dann wirksam, wenn sie auch eingefordert wird. Unabhängig davon hat jeder die Möglichkeit, ganzheitliche Verantwortung zu übernehmen. Das bedeutet, nicht nur die rechtlichen und ethischen Aspekte zu erfüllen, sondern auch die inneren Stakeholder wie die eigene Psyche, das Gewissen oder die eigenen Prinzipien oder auch Gott in sich zu integrieren. Die proaktive Gestaltung von Stadtquartieren kann durch mehr Vernetzung von Menschen, Organisationen und Infrastrukturen, durch Etablierung eines Stadtquartier-Managers nach dem Vorbild eines Facility Managers sowie unter Anwendung von Intuition gelingen.

Holistic Responsibility for Planning, Development and Operation of City Quarters

Urban areas have an impact on people and the environment. At the micro, meso and macro level of a city district, various stakeholders, either legal or natural persons, take influence. However, only people act. There are different forms of responsibility, above all business ethics, which addresses responsibility to external bodies (stakeholders), but it only becomes effective if it is demanded. Regardless of this, everyone has the opportunity to assume holistic responsibility. This means not only fulfilling the legal and ethical aspects, but also integrating internal stakeholders such as your own psyche, conscience or principles, or God. The proactive design of city quarters can be achieved through more networking of people, organizations and infrastructures, through the establishment of a city quarter manager based on the model of a facility manager, and by using intuition.

Stadtquartiere sind dynamische und adaptive komplexe Systeme. Probleme in Stadtquartieren sind u.a. die Themen leistbares Wohnen, zunehmende Versiegelung und Reduktion von Grünflächen und Abschneidung der natürlichen Wasserinfrastruktur, zentrale Stadtentwicklungsplanung versus die Interessen von Immobilienentwicklern und Investoren aber auch die mangelnde Nutzung von Wärme/Kälte und mangelnde Speicherung von Energie über die Einzelgebäude hinaus. Diese Themen sind zu sehen vor dem Hintergrund einer ökologischen Debatte über Wirkungen des Klimawandels und die Notwendigkeit einer nachhaltigen Entwicklung entsprechend den 17 Zielen der nachhaltigen Entwicklung der Vereinten Nationen. [1]

Um Lösungsansätze zu suchen, werden im Folgenden die Stakeholder ermittelt und den verschiedenen Ebenen, also der Mikro-, Meso- und Makroebene zugeordnet, und es folgt eine Auseinandersetzung mit den verschiedenen Formen der Verantwortung all dieser Player. Um mit den vielfältigen Herausforderungen zurechtzukommen, benötigen wir innovative Ansätze. Dazu zählen beispielsweise die Schaffung neuer Berufe, die unterstützende Anwendung von Intuition sowie die Reflexion des eigenen Handelns mittels Ethik. Der Nutzen daraus wird sein, dass Menschen in Stadtquartieren über einen für sie passenden Wohnraum verfügen, sich wohler fühlen, weniger Hitzeinseln entstehen und die Energie besser gemeinsam genützt werden kann.

1. Handlungs- und Konsequenzenebenen

Auf allen Ebenen unseres Seins und Handelns tragen wir Verantwortung, nachhaltig zu sein und zu wirken.

Dies gilt auch für die diversen Ebenen im Bereich der Immobilien und Stadtquartiere. Für das Verständnis der Zusammenhänge von Planungs-, Handlungs- und Konsequenzenebene sowie die möglichen Ebenen der Verantwortung werden im Folgenden die einzelnen Begriffe erläutert, in Zusammenhang gebracht und im Kontext des nachhaltigen Stadtquartiers angewandt.

Jedes Handeln beinhaltet einen Planungsprozess, welcher ein Denk- und Fühlprozess ist. Dabei muss der kausale Zusammenhang von dem Zweck und der Handlung, welche zu einer Konsequenz führen, betrachtet werden. Wie Schüz ausführt, hat bereits Aristoteles die Vierursachenlehre beschrieben. Schüz unterscheidet die causa finalis (Zweckwahl) und die Wahl der Mittel (causa formalis), welche beide auf der Planungsebene wirken. Auf der Umsetzungsebene wirken die materiellen Ressourcen (causa materialis) sowie die Veränderung oder Formung der Ressourcen (causa efficiens).

Die Handlung beinhaltet daher die Frage nach dem Warum und Wie auf der Planungsebene einerseits sowie die Frage nach dem Was und Wie auf der Umsetzungsebene, bevor die Konsequenzen der Handlung eintreten. [2]

1.1 Handlungsebenen

Handlungen sind Tätigkeiten, die wir selbst durchführen oder die wir bei anderen beobachten können, weil wir sie sehen und hören. Wir können Verträge durchlesen oder Lieferungen und Produktionsvorgänge in einem Betrieb beobachten. Handlungen sind daher für unsere Sinne wahrnehmbar, vorausgesetzt wir haben einen direkten Zugang dazu. Die Handlungen werden also an einem Ort und im jeweiligen Moment gesetzt. Wir handeln also immer im „Hier und Jetzt", auch wenn Verträge längere Laufzeiten haben können oder Verträge mit ausländischen Lieferanten abgeschlossen werden.

Auch Unterlassungen zählen zu den Handlungen. Im Strafrecht ist es z.B. so, dass wir für eine unterlassene Hilfeleistung strafbar sein können, d.h. dass diese Nicht-Handlung oder Unterlassung uns zugerechnet wird und wir uns dafür verantworten müssen. Damit sind wir bereits bei den Wirkungen bzw. Konsequenzen unserer Handlungen. [3]

1.2 Konsequenzebenen

Die Handlungen sowie auch die Unterlassungen haben direkte und indirekte Konsequenzen bzw. Wirkungen. Der Unterschied von Handlungs- und Konsequenzebenen liegt in der räumlichen und zeitlichen Reichweite. Diese inhaltlichen Ebenen kann man thematisch in soziale, ökonomische und ökologische Wirkungen und zeit-

lich in kurz-, mittel- oder langfristige Konsequenzen untergliedern. Soziale Wirkungen können sich an einem Standort auf die Mitarbeiter oder die Nachbarn beziehen. Ökonomische Wirkungen werden durch die Erzielung von Gewinnen dann auf das ganze Land erzeugt, wenn die Steuern abgeführt werden und das BIP damit erhöht wird. Ökologische Wirkungen sind Emissionen in Luft, Abwässer und Abfälle direkt am Standort, aber auch die Beeinflussung von Flusstemperaturen und Erzeugung von Treibhausgasen durch Produktionsverbrennungsvorgänge, die in die Atmosphäre aufsteigen und dort für längere Zeit wirken. [3]

1.3 Handlungs- und Konsequenzenebenen bei Immobilien und Stadtquartieren

Im Bereich der Immobilien und Stadtquartiere gibt es diverse handelnde Personen. Einerseits gibt es die Landes- und Bezirksverwaltungen, dazu kommen Stadtverwaltung und Stadtrat bzw. Gemeinderat. In der Wirtschaft sind viele Gesellschaften wie Aktiengesellschaften und Gesellschaften mit beschränkter Haftung, aber auch Klein- und Mittelunternehmen – sogenannte KMUs – angesiedelt. Daneben gibt es eine Vielzahl von Bürgerinnen und Bürgern, die eine direkte oder indirekte Beziehung zu einem Stadtquartier haben. Bei der Betrachtung der handelnden Personen fällt auf, dass die meisten der aufgezeigten Personengruppen keine natürlichen Personen sind, sondern Körperschaften oder juristische Personen. Diese haben in der Regel einen höheren Einfluss auf die Gestaltung eines Stadtquartiers. Dennoch ist festzuhalten, dass in unserer Gesellschaft – in Hinblick auf „künstliche Intelligenz" – derzeit noch Menschen Entscheidungen treffen, d.h. hinter jeder juristischen Person oder Körperschaft des öffentlichen Rechts stehen auch Menschen als FunktionsträgerInnen dieser Gesellschaften mit definierten Rechten und Pflichten.

All diese Menschen, die in einem Stadtquartier zusammen leben und arbeiten, setzen demnach Handlungen und auch Unterlassungen, welche diverse Wirkungen in inhaltlicher und zeitlicher Ebene erzeugen. Die Frage ist nun, wofür Verantwortung übernommen werden muss.

2. Verantwortung

Verantwortung ist die Bereitschaft für die Folgen einer Handlung vor Instanzen einzustehen. Wer muss nun was vor wem verantworten? Was bedeutet, Verantwortung zu übernehmen? Es gibt verschiedene Formen von Verantwortung. So gibt es auf der einen Seite die rechtliche und politische Verantwortung, deren Instanz der Gesetzgeber ist, andererseits aber auch die moralische Verantwortung, deren Instanz die allgemein etablierte Vorstellung von Gut und Böse ist, im Allgemeinen oder die wirtschaftsethische Verantwortung im Besonderen. Letztere sieht ihre Instanzen bei den betroffenen Stakeholdern.

Jedes Handeln setzt - wie es in der Ethik betont wird - immer die Freiheit voraus, eine Wahl treffen zu können. Im Folgenden wird bei jeder der angeführten Arten von Verantwortung aufgelistet, wer wofür, vor wem verantwortlich ist und ob dies freiwillig geschieht. Hier wird nicht betrachtet, ob der Handelnde in Freiheit gehandelt hat, sondern ob er die Konsequenzen für sein Handeln freiwillig übernimmt.

2.1 Rechtliche Verantwortung

Die rechtliche Verantwortung (Tab. 1) bedeutet die Verpflichtung, das geltende Recht im Bereich Verwaltungs- und Strafrecht zu beachten, sich an Gebote und Verbote zu halten und im Fall der Verletzung sich vor einem Verwaltungs- oder Strafgericht stellen zu müssen. Auch die Einhaltung von Ver-

Wer?	Derjenige, dem man die Tat oder Unterlassung zurechnen kann
Was?	Was man beweisen kann
Vor wem?	Verwaltungsbehörden und Gerichte
Wie?	Geldstrafen oder Freiheitstrafen
Freiwillig?	Ja, indirekt durch Anerkennung der Rechtsordnung

Tab. 1: Rechtliche Verantwortung, eigene Darstellung.

Wer?	PolitikerInnen
Was?	Was man vorwerfen kann, abweichend vom Programm oder einem ungeschriebenen politisch-ethischen Kodex
Vor wem?	Parteien oder Öffentlichkeit, WählerInnen
Wie?	Aufgabe der Position
Freiwillig?	Ja

Tab. 2: Politische Verantwortung, eigene Darstellung.

trägen im privatrechtlichen Bereich stellt eine Verantwortung dar, die man im Rahmen der geltenden Rechtsordnung geschlossen hat und die vor Zivilgerichten erzwungen werden kann.

2.2 Politische Verantwortung und Führungsverantwortung

Die politische Verantwortung (Tab. 2) ist eine, die nicht festgeschrieben ist, sondern die sich am öffentlichen Druck oder am Druck innerhalb von Parteien festmachen lässt. Auch die Führungsverantwortung (Tab. 3) ist ähnlich gelagert. Hier gibt es die Eigentümer, bzw. die Shareholder oder die Vorgesetzten, welche eine Führungskraft in die Verantwortung nehmen. Es sind Personen, die meist in einer größeren Öffentlichkeit stehen und einerseits Inhalte aber auch die Vorgangsweisen selbst zu verantworten haben. Man

sieht, dass die Auswirkung der Übernahme von Verantwortung mit dem Verlust einer meist gut dotieren Position einhergeht. Es wird manchmal auch das öffentliche und berufliche Netzwerk zerstört.

2.3 Nachhaltigkeitsverantwortung

Auch das Thema Nachhaltigkeit bietet einen Raum für eine erweiterte Verantwortung (Tab. 4). Nachhaltigkeit wird als freiwilliges Engagement von Firmen und Organisationen gesehen, damit sie auch ihren KonsumentInnen und anderen Stakeholdern gegenüber vorzeigen können, dass sie ordnungsgemäß wirtschaften.

2.4 Ethische Verantwortung

Ethische Verantwortung ist die Frage danach, was innerhalb einer sozialen

Wer?	Führungskräfte
Was?	Was man vorwerfen kann, abweichend vom Vertrag
Vor wem?	Eigentümer, Shareholder, MitarbeiterInnen
Wie?	Aufgabe der Position
Freiwillig?	Ja

Tab. 3: Führungsverantwortung, eigene Darstellung.

Wer?	Leiter von Firmen, Organisationen, Führungskräfte
Was?	Was man tut und unterlässt
Vor wem?	Stakeholder
Wie?	Kritik/Konsumverhalten von Stakeholdern hinnehmen
Freiwillig?	Ja

Tab. 4: *Nachhaltigkeits-Verantwortung, eigene Darstellung.*

Gemeinschaft – ehemals in der Polis, dem Stadtstaat – als moralisch, sprich als „gut" angesehen wird (Tab. 5). Im Gegensatz zur Erkenntnisphilosophie, wo es nur um theoretische Denkmodelle und Erkenntnisse geht, soll die Ethik als praktische Philosophie auf der Ebene der realen Probleme Lösungsansätze für diese Fragen liefern. Aber auch die praktische Philosophie kommt nicht ohne Theorie aus.

Die Ethik ist die theoretische Betrachtung der moralischen Konzepte einer Gesellschaft, d.h. sie setzt sich auf einer theoretischen Ebene mit den diversen Moralvorstellungen auseinander und versucht, Konzepte für die Praxis zu entwickeln, die einem „guten Leben" dienen. Aristoteles hat in diesem Zusammenhang die Tugendethik entwickelt. Dieses Konzept besagt, dass eine soziale Gemeinschaft dann am besten funktioniert, wenn sich

die Mitglieder dieser Gemeinschaft – meist eine abgegrenzte kleinere Einheit eines griechischen Stadtstaates – tugendhaft verhalten.

Die Ethik selbst liefert die Forderung nach einer spezifischen Verantwortung. Sie fragt nach der Moral innerhalb eines konkreten gesellschaftlichen Kontextes. Die deskriptive Ethik selbst sagt nicht, was man tun soll. Sie analysiert die verschiedenen Zugänge zu dem, was man tun sollte.

2.5 Wirtschaftsethische Verantwortung

In der Unternehmensethik wird unterschieden zwischen der Makro-, Meso- und Mikroebene. Die Makroebene bezieht sich auf das System der Wirtschaft mit allen gegebenen politischen, rechtlichen und faktischen Rahmenbedingungen der Wirtschafts-

Wer?	Bürger
Was?	Was man tut und unterlässt
Vor wem?	Soziale Gemeinschaft
Wie?	Auf Fragen antworten
Freiwillig?	Ja

Tab. 5: *Ethische Verantwortung, eigene Darstellung.*

ordnung (Tab. 6). Die Mesoebene ist die organisationale Ebene. Die Mikroebene hingegen ist die Ebene einzelner Individuen, deren Beziehungen und Interaktionen innerhalb und außerhalb von Unternehmen beinhaltet. [4] Unternehmen sind demnach in der Mesoebene, also in der Mitte angesiedelt. D.h. Unternehmen sind klassischerweise in der Sandwich-Position, denn einerseits haben sie Rahmenbedingungen durch den Staat. Auf der anderen Seite können sie nicht die Verantwortung für das Kaufverhalten der Konsumenten übernehmen.

Ein Ansatz in der Unternehmensethik ist der Vergleich mit dem Tauschgeschäft. Schüz schreibt dazu: „Unternehmensethik betrachtet dabei auf der Mesoebene die Idee der Tauschgerechtigkeit als „gutes Auskommen mit allen Stakeholdern". Mit ihnen allen müssen Unternehmen lernen „gut auszukommen", also in ein gerechtes Tauschverhältnis zu kommen." [4] Auch der Ansatz der Unternehmensethik, welcher auf die Tauschgerechtigkeit abzielt, geht dann ins Leere, wenn es Dinge oder Personen gibt, die keine Stimme haben und in dem Tauschgeschäft zwar betroffen sind, aber keine aktive Rolle haben.

Unternehmen sind für die Konsequenzen ihrer Aktivitäten ethisch verantwortlich. Sie sind nicht vor jedem und allem verantwortlich, sondern vor jenen Stakeholdern, die von ihren Geschäftstätigkeiten in irgendeiner Form direkt oder indirekt betroffen sind. Die Stakeholder sind die Instanz, vor der sie sich verantworten müssen. Das bedeutet, dass sie auf deren Fragen antworten müssen, bis diese Fragenden mit der Antwort zufrieden sind.

Vor allem sind hier die verschiedenen Zeithorizonte zu berücksichtigen. So haben Manager jährliche Umsatzziele und jährliche Boni. Weiter sind die Verträge oft befristet mit einigen Jahren. Oder man denke an die Nachhaltigkeitsziele bis 2030 oder die Klimaschutzziele 2050, bei denen man die Wirkungen der Handlungen kaum mehr zurechnen kann.

„Ein verantwortungsvolles Unternehmen verursacht mit seinen Aktivitäten Konsequenzen und rechtfertigt diese vor Instanzen als Antwort auf deren Fragen: Was hast du getan? Oder: Was tust du? Oder: Was wirst du tun? Je nachdem, ob die Instanz mit der Begründung zufrieden ist, beurteilt sie das Unternehmen. Die Instanzen

Wer?	Geschäftsführer
Was?	Was man tut und unterlässt
Vor wem?	Stakeholder
Wie?	Auf Fragen antworten
Freiwillig?	Ja

Tab. 6: Wirtschaftliche Verantwortung, eigene Darstellung.

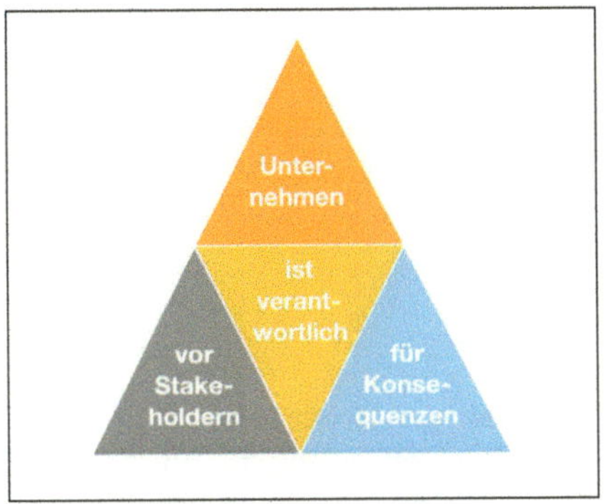

Abb. 1: *Struktur der Unternehmensverantwortung in Anlehnung an Schüz. [4]*

geben also dem Unternehmen Feedback, wie sie die Konsequenzen einer Aktivität aufgenommen haben." [4]

Der Haken bei dieser Art von Verantwortung ist, dass es nicht immer Stakeholder gibt, die überhaupt Fragen stellen. Noch weniger können jene Objekte und Personengruppen Fragen stellen, die keine Stimme haben. Dazu zählen die Erde selbst, generell die Natur, das Ökosystem, die intakte Umwelt, das Klima, die Pflanzen und Tiere, die Biodiversität, das Wasser und die Luft. Diese sind rechtlich betrachtet Sachen, und können keine Rechtsträger sein und können sich nicht verbal artikulieren. Ebenso wenig sieht die Rechtsordnung vor, dass Menschen, die noch nicht geboren sind, bereits derartige Rechte haben.

Wenn man lange genug wartet, werden diese Stakeholder ohne menschliche Stimme jedoch nonverbale Antworten geben, so wie die Erwärmung des Planeten als eine Antwort des globalen Ökosystems ist. So kann auch die Erde die stumme Frage stellen: „Willst du einen noch mehr erwärmten Planeten?" Die Frage unserer Enkel und Urenkel wird dann vergangenheitsbezogen sein wie „Was hast du getan oder nicht getan?"

Wenn also jene Dinge wie die Erde oder Ungezeugte keine Interessenvertretungen oder NGOs haben, wird die Verantwortung nicht – oder zumindest nicht im Jetzt - eingefordert. Solange niemand die richtigen Fragen stellt, besteht die Gefahr, dass diese Art von wirtschaftsethischer Verantwortung ins Leere geht.

2.4 Ganzheitliche Verantwortung

Diesen Ansätzen möchte die Autorin einen weiteren Ansatz hinzufügen: die ganzheitliche Verantwortung, bei der zusätzlich zu den angeführten Faktoren ein oder mehrere innere Instanzen berücksichtig werden und die äußeren und inneren Faktoren integriert werden (Tab. 7).

Dies umfasst zwei Aspekte. Einerseits geht es darum, wie bereits ausgeführt, dass man die Verantwortung in der jeweiligen Rolle gegenüber externen Instanzen wahrnimmt, und zwar auch Verantwortung für die Neben-, Rück- und Fernwirkungen. Auf der anderen Seite geht es darum, sich selbst gegenüber einzustehen. Innere Instanzen können sein, wie Schüz es ausführt, die Psyche, das eigene Gewissen, die eigenen Prinzipien. Dies kann aber auch weitergehen, wenn man

Wer?	Jeder Mensch
Was?	Was man tut und unterlässt
Vor wem?	Vor sich selbst und/auch vor dem göttlichen Prinzip
Wie?	Sich konfrontieren
Freiwillig?	Ja

Tab. 7: *Ganzheitliche Verantwortung, eigene Darstellung.*

sieht, dass der eigene Geist im Geist des größeren Ganzen eingebettet ist. So kann man Gott als einen weiteren Aspekt der inneren Instanzen sehen. [4] Es geht darum, dass man sich selbst gegenüber und möglicherweise auch vor einer göttlichen Instanz für etwas einstehen muss. Dies ist grundsätzlich eine sehr weite Form der Verantwortung, denn sie betrachtet nicht nur die Taten und die Unterlassungen, sondern ebenfalls die Worte und auch die Gedanken.

Weiter muss an dieser Stelle auf die Differenzierung von gespaltener und universeller Verantwortung hingewiesen werden. Jeder Mensch nimmt in seinem Alltag verschiedene Rollen ein, in denen er sich jeweils anders verhält. Die Rollen können auf verschiedenen Ebenen sein, z.B. Manager in der Mesoebene und Familienvater in der Microebene. Wenn wir uns jedoch in verschiedenen Rollen anders in Bezug auf Verantwortung verhalten, haben wir eine gespaltene Verantwortung in uns. Diese gespaltene Verantwortung muss im Sinne einer universalen Verantwortung wieder innerhalb des Menschen zusammengeführt werden, damit sich das nicht negativ auf den Menschen auswirkt.

[2] Diese Verantwortung vor inneren Instanzen sollte jedoch mit den anderen Verantwortungsansätzen integriert werden. Daher spricht Schüz von universaler Verantwortung. [2] Die Autorin fasst es unter dem Begriff von ganzheitlicher Verantwortung zusammen. Diese Integration bewirkt, dass wir ohne Gewissenskonflikte leben können, da unsere ganzheitliche und wertschätzende Geisteshaltung sich in unseren Handlungen ausdrückt.

Es gibt noch weitere Formen von Verantwortung, z.B. die individuelle Verantwortung. Im Zuge der Debatte von Klimawandel und nachhaltiger Entwicklung setzt sich Ingeborg Gabriel mit der Frage auseinander, ob eine individuelle Verantwortung überhaupt gesehen wird: „Die Wahrnehmung individueller Verantwortung: Blinder Fleck in der Ökologiedebatte?" [5] Im Zuge dieser Auflistung von Arten von Verantwortung wird die Verantwortung immer als eine individuelle Verantwortung von Personen, die eben verschiedene Rollen haben, gesehen.

Wir haben uns nun mit den Varianten der Verantwortung auseinandergesetzt. Bei allen Varianten außer der des Rechts ist festzuhalten, dass sie unmittelbar freiwillig sind und Menschen für die Wirkungen ihrer Handlungen nur dann zur Verantwortung herangezogen werden, wenn es ausreichend Interessierte gibt, welche die richtigen Fragen stellen und Druck ausüben. Ausgenommen davon ist die ganzheitliche Verantwortung, welche nicht nur von externen Fragenden, sondern von einer inneren Instanz abhängig ist. In weiterer Folge betrachten wir nun die Ebenen eines Stadtquartiers. Durch die Wahrnehmung der ganzheitlichen Verantwortung kann man das Wohl der Menschen in einem Stadtquartier über die reinen politischen und wirtschaftlichen Interessen stellen. Dazu sehen wir in weiterer Folge an, welche Personengruppen in Stadtquartieren überhaupt agieren.

3. Makro, Meso- und Mikroebenen in der Stadtsoziologie

3.1 Soziologie

Die Soziologie beschäftigt sich mit allen Aspekten des menschlichen Zusammenlebens in Gemeinschaften und Gesellschaften, sie ist als Wissenschaft zu verstehen, die soziales Handeln deutend verstehen und dadurch in seinem Ablauf und seinen Wirkungen ursächlich erklären will. [6] Sie fragt nach Sinn und Strukturen des sozialen Handelns sowie nach den die Handlungen regulierenden Werten und Normen. Ihre Untersuchungsobjekte sind die Gesellschaft als Ganzes ebenso wie ihre Teilbereiche: soziale Systeme, Institutionen, Organisationen und Gruppen. Die Soziologie befasst sich auch mit der gesellschaftlichen Integration, Inklusion und Desintegration, mit sozialer Ungleichheit, sozialen Konflikten und sozialem Wandel. Es gibt einige besondere Aspekte, mit denen sich die Soziologie beschäftigt wie beispielsweise die Jugendsoziologie, die Grünraumsoziologie oder die Stadtsoziologie.

3.2 Stadtsoziologie

Die Stadtsoziologie beschäftigt sich mit Ausprägungen des Verhältnisses zwischen städtischem Raum und sozialen Strukturen. Auch in der Stadtsoziologie werden die drei Ebenen, die Makro-, Meso- und Mikroebene, angewandt. So schreibt bereits Dangschat im Jahr 1990 das städtische Teilgebiet als Mesoebene. [7] Die Mesoebene des Quartieres soll die Wechselbeziehungen am konkreten städtischen Teilgebiet sichtbar machen. Im Folgenden wollen wir die im Stadtquartier wirkenden Personen und Personengruppen betrachten (Tab. 8).

3.2 Stakeholder der Ebenen im Stadtquartier

Das Stadtquartier wird als Teil einer Stadt als Mesoebene betrachtet. Es wird von seinen BewohnerInnen (Mikroebene) und den Rahmenbedingungen (Makroebene) beeinflusst bzw. übt selbst darauf einen Einfluss aus. Was sind nun die Stakeholder auf diesen drei Ebenen, jeweils in Bezug auf Immobilien direkt und auf die Stadtquartiere? Am Beispiel von Wien wären die politische Ebene in der Me-

	Immobilien	**Stadtquartiere**
Makro-Ebene	Gesetzgebung und Verwaltung	EU-Parlament und Kommission, Parlament und Ministerien, Landesparlamente und LandesrätInnen, Bezirkshauptmannschaften, RaumplanerInnen, Stadtpolitik
Meso-Ebene	Immobilien-EigentümerInnen, UnternehmenseigentümerInnen, GeschäftsführerInnen, Immobilien-ProjektentwicklerInnen, InvestorenInnen	Bezirkspolitik und –verwaltung, ImmobilieneigentümerInnen, Wohnungsgenossenschaften, BürohausbetreiberInnen und -nutzerInnen, LokalbesitzerInnen, Schulen
Mikro-Ebene	NutzerInnen, MieterInnen, KundenInnen, BesucherInnen	BewohnerInnen in unterschiedlichen Altersgruppen, Kaufleute, BesucherInnen, DienstleisterInnen

Tab. 8: *Stakeholder Immobilien /Stadtquartiere, eigene Darstellung.*

soebene der Stadtquartiere die BezirksvorsteherInnen (politisch) und die Bezirksverwaltungsbehörde. Ebenso zählen dazu die dort angesiedelten Unternehmen und Vereine sowie die Bürgerinitiativen.

Diese Tabelle hat keinen Anspruch auf Vollständigkeit, sie zeigt lediglich, dass hier eine Vielzahl von Stakeholdern und Personen dahinter tätig sind. Allerdings ist dies eine rechtlich-soziologische Betrachtung, und daher fehlen in dieser Übersicht jene Elemente eines Stadtquartiers, die keine menschliche Stimme haben. Dazu zählen die Umwelt oder Natur, das Ökosystem mit allen Teilen wie Wasser, Luft, Tiere und Pflanzen, die Wasserinfrastruktur, das daraus resultierende Mikroklima, die gebaute Umwelt, also alle Immobilien und Anlagen, dazu zählt auch die gesamte Infrastruktur von Straßen und Verkabelungen für Strom, Gas, Telekommunikation, Wasser und Abwasser. Ein weiterer Aspekt sind die zukünftig in diesem Quartier lebenden Menschen, das können Menschen sein, die zuziehen oder jene, die hier geboren werden und hier zumindest für eine Weile leben werden.

3.3. Stadtquartier als dynamisches komplexes System

Durch die interdisziplinäre Betrachtung des Stadtquartiers kommt man schnell zu der Feststellung, dass es aus systemischer Sicht ein sich dynamisch veränderndes komplexes System ist, bei dem sehr viele Dinge in Wechselwirkung stehen. So beeinflusst beispielsweise das vorhandene Ökosystem das Mikroklima und dieses kausal das Wohlbefinden der Menschen. Es finden wie in jedem System verstärkende Prozesse (reinforcing) statt. So verstärkt die Schaffung von grüner Infrastruktur ein gutes Mikroklima und vermindert die sommerlichen Hitzeinseln. Andererseits wirkt die zunehmende Versiegelung insbesondere durch städtische Nachverdichtung von Wohngebäuden negativ (balancing) auf die blau-grüne Infrastruktur. Die Raumplanung wirkt auf die weiteren Bautätigkeiten und diese wiederum auf die Menschen, die hier leben. Die vorhandene Bau- und Infrastruktur hat wiederum Auswirkung auf die sozialen Schichten, die sich in einem Quartier ansiedeln. Wir sehen, es gibt eine Vielzahl an weiteren wechselseitigen Beeinflussungen, die hier nicht vollständig aufgezeigt werden können.

Es genügt für unsere Betrachtung jedenfalls festzustellen, dass Stadtquartiere komplexe dynamische Systeme sind. Genau genommen sind es komplexe adaptive Systeme, denn es findet eine Anpassung statt, wie eben zum Beispiel die Änderung der Bevölkerungsschichten entsprechend den örtlichen Gegebenheiten.

4. Lösungsansätze

Im Folgenden werden verschieden Lösungsansätze dargestellt.

4.1 Vergleich Management von Stadtquartieren mit Facility Management

An dieser Stelle möchte die Autorin einen Vergleich mit einem bestehenden Berufsbild aufzeigen, dem Facility Management, das – vereinfacht gesagt – so viel bedeutet wie der Betrieb von Gebäuden. In Wirklichkeit ist dieses Aufgabenfeld jedoch viel komplexer. Das sieht man anhand der Definition, welche in der seit 2018 bestehenden Managementnorm ISO 41011 festgelegt ist. Darin wird Facility Management wie folgt definiert:

„Facility Management ist jene Funktion einer Organisation, welche Mensch, Raum und Prozesse innerhalb der gebauten Umwelt integriert mit dem Zweck die Lebensqualität der Menschen und die Produktivität des Kerngeschäfts zu verbessern." [8]

Der Facility Manager bzw. die Facility Managerin hat also eine integrierende Funktion innerhalb einer bestehenden Organisation. Dabei geht es darum, diverse Faktoren zu zwei verschiedenen Zwecken zu integrieren.

Der erste Zweck ist die Verbesserung der Lebensqualität der Menschen und der zweite Zweck ist, die Produktivität des Kerngeschäfts zu verbessern. Hier wird also vorausgesetzt, dass es an diesem Standort Handlungsfelder gibt, d.h. Menschen möchten an diesem Ort bestimmte Handlungen leisten und für diese Prozesse müssen die Voraussetzungen geschaffen werden.

Der Ort ist die „gebaute Umwelt" (built environment), also die Gesamtheit aller Gebäude, Anlagen und Infrastrukturen. Wenn der Betreiber eines Standortes ein wirtschaftlich ausgerichtetes Unternehmen ist, wird das Ziel der Handlungen einerseits die Produktion von Dingen und die Erbringung von Dienstleistungen sein um damit das weitere Ziel, die Erlangung von Gewinnen, zu erreichen. Sofern der Betreiber ein Krankenhaus ist, sind die Handlungsfelder jene, die nötig sind, um kranke Menschen medizinisch bestmöglich zu versorgen. Die Zwecke der Betreiber sind unterschiedlich und dementsprechend sind auch andere Handlungsfelder relevant. Jedes Handlungsfeld braucht Rahmenbedingungen, um mit diesen die Prozesse aufzusetzen.

Die Facility Manager koordinieren also die Rahmenbedingungen mit den Prozessen und auch mit den Menschen und deren Anforderungen. Dabei berücksichtigen sie, dass sie einen gegebenen Standort (Raum, Fläche) haben. Das Betreiben von komplexen Organisationen wie Industriebetrieben, Krankenhäusern, Flughäfen etc. benötigt jedenfalls Manager und Managerinnen, die all die verschiedenen Gegebenheiten mit den diversen Anforderungen integrieren und somit Handlungen ermöglichen. Kurz gesagt sollen die vorhandenen Ressourcen an einem Standort sowohl für die Menschen als auch für die Prozesse in der Organisation integriert werden. Dieser Ansatz lässt sich auf ein Stadtquartier umsetzen.

Die Rolle des Facility Managers/der Facility Managerin im Stadtquartier wurde in einer Studie der ‚The Hague University of Applied Sciences' unter-

sucht. Diese kommt zu dem Schluss, dass der/die städtische Facility ManagerIn eine wichtige Rolle spielen kann, wenn es um die soziale Kohäsion geht: „Connecting people by managing place and process in an urban context can improve liveability and sustainable urban developments." [9] Diese Rolle des/der Facility Mangers/In im städtischen Gebiet ist bis dato auf die Stärkung des sozialen Zusammenhalts beschränkt.

4.2 Neues oder erweitertes Berufsbild Stadtquartier-ManagerIn

Städte wie Berlin und Magdeburg haben bereits seit Jahren das Quartiersmanagement Soziale Stadt eingeführt. Dabei geht es vor allem um die Stärkung des sozialen Zusammenhalts, aber auch um die integrierte Quartierentwicklung. [10] Diese bisher praktizierten Konzepte lassen sich auf andere Funktionen im Quartier ausweiten.

Wenn wir Stadtquartiere betrachten, haben wir eine Vielzahl von Organisationen und Personen, die hier agieren. Zwar gibt es eine Stadtpolitik und eine Bezirksverwaltung, die rechtliche und andere Rahmenbedingungen vorgibt wie z.B. die Raumplanung und die Infrastrukturplanung. Es gibt auch KMUs und Bürgerinitiativen.

Andererseits bräuchte es auch hier eine Stelle, die die Vernetzung der Ressourcen, Interessen und Handlungsfelder aller Personen und Personengruppen koordiniert. Man könnte also eine Managementfunktion schaffen, die auf der Fläche eines Stadtquartiers die gesamte gebaute Umwelt integriert, sämtliche Handlungsfelder wie Wohnen, Geschäftslokale und Bürogebäude und Sondernutzungen wie Fitnesscenter und alle anderen Bedürfnisse der Bevölkerung nach Erholung im Grünraum integriert. Der Zweck wäre die Verbesserung der Lebensqualität der Menschen als auch die Schaffung der Rahmenbedingungen für diverse Handlungsfelder.

Wir wissen, dass sich die Berufe in Zukunft durch die Digitalisierung sehr stark verändern werden. Gerade dieses Vakuum eröffnet uns jedoch schon heute Spielraum, um selbst kreativ über neue Berufsfelder nachzudenken, vielleicht auch über das neue Berufsbild eines Stadtquartier-Managers oder -Managerin, welches über die bisherigen Aktivitäten von QuartiersmanagerInnen hinausgeht.

4.3 Vernetzung und Dialog

Die Vernetzung von mehreren Gebäuden in einem Quartier für Produktion und Speicherung von erneuerbarer Energie, Kälte und Wärme bietet viele Möglichkeiten. Die Schaffung eines quartierbezogenen Anergie-Netzes bringt großes Potenzial.

Voraussetzung dafür ist ein erweitertes Denken, da hier das Denken nicht an der eigenen Gebäude- oder Grundstücksgrenze enden darf. Hier brauchen wir vermehrt den Dialog und die Koordination mit Nachbarn und Behörden. Selbstverständlich

müssen dafür die rechtlichen Rahmenbedingungen geprüft und teilweise geschaffen werden.

4.4 Intuition

Wenn immer es gilt, wichtige Entscheidungen zu treffen, sind wir Menschen damit konfrontiert, die Möglichkeiten und all deren Vor- und Nachteile abzuwägen. Wenn nur wenige Faktoren eine Rolle spielen und diese klar fassbar sind, reicht unser Verstand aus, da er es überblicken und kalkulieren kann. Allerdings kann es sein, dass auch bei relativ einfachen Entscheidungen unser Gefühl uns in eine andere Richtung blicken lässt. Wenn wir also rein verstandesmäßig etwas abwägen wollen, müssen wir sämtliche Faktoren kennen und die Informationen zur richtigen Bewertung haben.

Doch wir sind nicht immer zufrieden mit dem errechneten Ergebnis, und bei komplexen Sachverhalten können wir es schlichtweg nicht errechnen. Der Begriff der Intuition oder des Bauchgefühls ist bereits Gegenstand von wissenschaftlichen Untersuchungen. So hat insbesondere der deutsche Prof. Gerd Gigerenzer, Professor für Psychologie und Direktor am Berliner Max-Planck-Institut für Bildungsforschung, sich damit beschäftigt. Er verwendet den Begriff Bauchgefühl, Intuition oder Ahnung als austauschbar.

Es geht darum ein Urteil zu bezeichnen, das rasch im Bewusstsein auftauch, dessen tiefere Gründe uns nicht ganz bewusst sind und das stark genug ist, um danach zu handeln. Gigerenzer hat untersucht, wie Bauchgefühle funktionieren. Er führt diese auf zwei Grundprinzipien zurück:

1. einfache Faustregeln bzw. Heuristik
2. evolvierte Fähigkeiten des Gehirns zunutze machen [11]

Intuition kann helfen, die wesentlichen Faktoren für Entscheidungen schnell zu finden. Bechtler führt in dem Buch „Management und Intuition" wie folgt aus: „Ein vorausschauender und pionierhafter Strategiewechsel zur Abwendung einer sich abzeichnenden mittelfristigen Gefährdung basiert auf analytischen und synthetischen Denkprozessen und insbesondere bei einer sich rasch wandelnden Umwelt auch auf einer teilweise intuitiven Identifikation der für das Unternehmen relevanten Faktoren." [12]

Damit beschreibt Bechtler die Notwendigkeit der Anwendung von Intuition gerade in jenen Situationen, die komplex sind und bei denen eine schnelle, nicht vorhersehbare Entwicklung passiert.

Er führt aus, dass das intuitive Denken aus einer unmittelbaren Gesamtschau einer Situation oder eines Problems bestehe, welche spontan zu Überzeugungen und Lösungen führe. [12] Selbst wenn dieser Bereich noch nicht vollständig erforscht ist, kann man davon ausgehen, dass Intuition ein interessanter Aspekt des menschlichen Wesens ist und man selbst dies für sich erforschen kann.

5. Schlussfolgerungen

In dieser interdisziplinären Betrachtung der Stakeholder von Stadtquartieren sowie von Stadtquartieren als Ganzes ist festzuhalten, dass in der Mesoebene verschiedene natürliche und juristische Personen eingebunden in einen sozialen, ökonomischen und ökologischen sowie rechtlichen Rahmen handeln. Auch hinter juristischen Personen stehen Personen, denen die Handlungen zuzurechnen sind. Somit sind auch die Konsequenzen zu verantworten.

De facto muss aber nur jenes verantwortet werden, was von Stakeholdern eingefordert wird. Die Betroffenen der Wirkungen des Handelns sind jedoch unzureichend als „Stakeholder" vertreten, da sie keine Stimme haben wie das Ökosystem und alle einzelnen Elemente davon sowie die Ungezeugten. Durch eine entsprechende Geisteshaltung lassen sich alle Aspekte integrieren.

Dies gilt unabhängig davon, auf welcher der drei Ebenen (Makro-, Meso- oder Mikroebene) man sich befindet. Außerdem befinden sich die meisten Menschen auf mindestens zwei Ebenen, da wir Menschen ja mehrere Rollen haben. Als Privatperson sind wir Familienmenschen und KonsumentInnen und andererseits MitarbeiterInnen von Unternehmen, d.h. unsere Verantwortung ist abhängig von der jeweiligen sozialen Rolle. Wenn wir uns jedoch in verschiedenen Rollen anders verhalten, entsteht eine innere Spaltung. Diese sollte vermieden werden. Die ganzheitliche Verantwortung kann zwar in unterschiedlichem Ausmaß angewandt werden, aber dem Grunde nach in allen Rollen erfüllt werden. In Stadtquartieren, die als komplexe Systeme zu betrachten sind, sollten alle Stakeholder einbezogen werden. Um dies umzusetzen könnte man ein neues Berufsbild „Stadtquartier ManagerIn" gestalten. Diese/r ManagerIn kann zusätzlich zu dem bestehenden Berufsbild „Quartiermanagerin im sozialen Sinn" eine koordinierende Rolle einnehmen.

Hier braucht es Visionäre, die neue Möglichkeiten denken und entwickeln, um dann klare Forderungen nach Rahmenbedingungen zu formulieren. Es braucht eine neue Form des Dialogs mit den Stakeholdern auf allen drei Systemebenen und einen Blick nicht nur über den Tellerrand, sondern es geht um eine gemeinsame Betrachtung von Lösungsmöglichkeiten. Diese sind mit einem reinen ICH-Standpunkt nicht erreichbar, sondern nur, wenn wir vom ICH zur WIR-Perspektive gelangen. Es braucht eine neue Form des Denkens, der Perspektive, neue Formen des Dialogs, der Kooperation und der Kollaboration.

Wir benötigen mehr Dialog und gemeinsames konsistentes Handeln durch Vernetzung von Personen, Vernetzung von Organisationen, Vernetzung der Gebäude und Infrastruk-

turen. Dafür müssen wir aber eine übergeordnete Perspektive einnehmen. Das bedeutet, dass wir unsere gedanklichen Grenzen erweitern müssen. Die Frage lautet nicht mehr: Was brauche ich? Sondern: Was brauchen wir und wie können wir das gemeinsam erreichen?

Antworten darauf können auch unter Einbeziehung von Intuition gefunden werden. Daher können wir zunächst versuchen, Standpunkte zu erweitern, in Dialog zu treten, zur Intuition „hinzuhören" und Dinge neu denken, experimentieren und in einen ethischen Diskurs darüber zu treten, was moralisch gut und sinnhaft ist und was sich für die VerantwortungsträgerInnen zu ganzheitlichem Handeln integrieren lässt und sich daher in allen Rollen gut anfühlt. ◆

Literaturverzeichnis

[1] Agenda 2030 für nachhaltige Entwicklung, https://www.bundes-kanzleramt.gv.at/themen/nach-haltige-entwicklung-agenda-2030/entwicklungsziele-agenda-2030.html, abgerufen am 16.1.2020

[2] Schüz Mathias: Werte – Risiko – Verantwortung, Dimensionen des Value Managements, München, Gerling Akademie Verlag, 1999, S. 120, S. 150

[3] Neuhold Elfriede, Floegl Helmut: Rechtliche Verantwortung – Ethische Verantwortung – Verantwortung für die nächste Generation: die Erweiterung der Betreiberverantwortung im Facility Management, Tagungsband Messe InServFM, Frankfurt, 2016

[4] Schüz Mathias: Angewandte Unternehmensethik. Grundlagen für Studium und Praxis. Hallbergmoos. Pearson, 2017, S. 18, S. 22, S. 44, S. 43

[5] Gabriel Ingeborg, Steinmair-Pösel Petra, Gerechtigkeit in einer endlichen Welt, Ökologie-Wirtschaft-Ethik, Ostfildern, Grunewald, 2013, S. 19

[6] Weber Max, Soziologische Grundbegriffe, Tübingen, J.C. Mohr (Paul Siebeck), 1984, S. 19

[7] Dangschat, Jens S. (1990): Geld ist nicht (mehr) alles – Gentrification als räumliche Segregierung nach horizontalen Ungleichheiten. In: J. Blasius/J.S. Dangschat

(Hrsg.): Gentrification – Die Aufwertung innenstadtnaher Wohngebiete. Frankfurt am Main: Campus, S. 18

[8] ISO 41001:2018, Allgemeiner Teil, Austrian Standards, 2018

[9] Netten Hans, Kuijlenburg Rachel, de Jong Cateleine: „Facility management"- The influence of facility design on urban quality of life from the perspective of students research, The Hague University of Applied Sciences, Hague 2018, S.7

[10] Bundesministerium für Umwelt, Naturschutz, Bau und Reaktorsicherheit: Quartiersmanagement Soziale Stadt, Eine Arbeitshilfe für die Umsetzung vor Ort, Berlin 2016, S. 4

[11] Gigerenzer Gerd: Bauchentscheidungen. Die Intelligenz des Unbewussten und die Macht der Intuition. München. 13. Auflage. Goldmann 2008, S. 9

[12] Bechtler W. Thomas (Hrsg.) Management und Intuition, Zürich, Verlag Moderne Industrie, 1986, S. 21

Homo Urbanus: Learning From the Past to Build for the Future

Elisabeth Oberzaucher
Fakultät für Lebenswissenschaften, Universität Wien, Urban Human

Homo urbanus: Was die Vergangenheit uns über die Zukunft des Bauens lehrt
Wir Menschen wurden durch die Umweltbedingungen unserer Evolutionsgeschichte geformt. Anpassungen an die Herausforderungen der Savanne sind bis heute vorhanden, in der Anatomie, Wahrnehmung, Kognition und im Verhalten. Deshalb kann ein Verständnis der Evolutionsgeschichte der Menschen dabei helfen, menschengerechtere Umgebungen zu schaffen. Wenn die im Laufe der Evolutionsgeschichte entstandenen Vorlieben und Verhaltenstendenzen berücksichtigt werden, kann die Nutzbarkeit und Lebensqualität von gebauten Umwelten verbessert werden. Und je besser etwas zu den menschlichen Bedürfnissen und Verhaltenstendenzen passt, desto besser funktioniert es. Als Konsequenz werden Gebäude, die im Licht des Wissens um die Evolutionsgeschichte der Menschen gebaut wurden, eine höhere Nutzungsqualität aufweisen und deshalb auch nachhaltiger genutzt werden.

Homo Urbanus: Learning From the Past to Build for the Future
Humans have been shaped by the environmental conditions present in our evolutionary history. Adaptations to the challenges of life in the savanna are still present in modern humans, i.e. anatomy, perception, cognition and behavior. Therefore, understanding human evolution can be helpful in designing better environments for humans. If the evolved preferences and needs are taken into account, usability and livability of built environments can be improved. And the better something fits to human needs and behavior tendencies, the better the functionality. Consequently, buildings designed in the light of knowledge about human evolution are likely to be more usable and thus more sustainable.

1. Homo sapiens ist ein Produkt seiner Evolutionsgeschichte

Im Laufe unserer Evolutionsgeschichte waren unsere Vorfahren mit Herausforderungen konfrontiert, die sehr stark von unseren aktuellen Lebensbedingungen abweichen.

Besonders das Leben in der Savanne Ostafrikas hat Spuren in der menschlichen Anatomie, Wahrnehmung, Kognition und im Verhalten hinterlassen, die uns bis heute begleiten. Dies ist darauf zurückzuführen, dass die Savanne neue Antworten erforderte, und darüber hinaus über lange Zeit der Hauptlebensraum unserer Vorfahren war. [1]

So waren die bestimmenden Ressourcen für das Überleben in der Savanne Wasser und Pflanzen, was dazu führt, dass wir auf diese Reizeigenschaften bis heute mit positiven Emotionen reagieren, und sie als ästhetisch wahrnehmen. Aber auch Quellen von Gefahren sind aus dieser Zeit mit emotionalem Wert besetzt, wie z.B. Schlangen- oder Leopardenmuster. [2]

Besonders die sozialen Herausforderungen des Zusammenlebens in der Savanne haben unsere Kognition in Anspruch genommen. Aufgrund des höheren Raubfeinddrucks in der Savanne mussten sich unsere Vorfahren in größeren Gruppen zusammenschließen, welche aufgrund ihrer Komplexität die Weiterentwicklung unserer kognitiven Fähigkeiten erforderlich machten. [3]

Biologische Systeme sind dadurch charakterisiert, dass sie konservativ sind, insofern, als einmal etablierte Eigenschaften fest verankert sind und kaum wieder eliminiert werden können. Sie können zurückgebildet und umgeformt werden, jedoch eine vollständige Entfernung ist meist nicht möglich. Deshalb tragen alle Lebewesen Elemente in sich, die Antworten auf die Herausforderungen ihrer evolutionären Vergangenheit darstellen, die aber aktuell keine Funktion mehr haben, oder sogar hinderlich sind. Auch wir Menschen tragen veraltete Systeme in uns, die zu den aktuellen Lebensbedingungen nicht passen.

2. Moderne Lebensumwelten sind evolutionär betrachtet neu

Ausgehend von der Savanne Ostafrikas haben unsere Vorfahren den gesamten Erdball erobert. Dies gelang deshalb, weil wir keine Spezialisten sind, sondern vielmehr Generalisten. Das heißt, dass unsere Spezies keine besondere Fähigkeit besitzt, die speziell zu einer bestimmten Herausforderung passt. Vielmehr besitzen wir eine Ansammlung von Fähigkeiten, die nicht auf ein besonderes Problem zugeschnitten sind, sondern flexibel eingesetzt werden können. Dies versetzt uns in die Lage, mit sich verändernden Bedingungen umgehen zu können, selbst wenn die Veränderungen eine Abweichung vom Optimalzustand bedeuten. [4]

Besonders urbane Lebensumwelten sind dadurch gekennzeichnet, dass sie in vielen Aspekten massiv von den Bedingungen abweichen, an die wir auf einer biologischen Ebene angepasst sind. So verbringen wir den überwiegenden Großteil unserer Zeit in Innenräumen, die Gestaltung unserer Umgebung ist vergleichsweise naturfern, und wir leben in Gruppengrößen weit jenseits unseres kognitiven Fassungsvermögens zusammen. [3]

Wiewohl wir nicht nur von unseren biologischen Fähigkeiten bestimmt werden, sondern darüber hinaus Sozial- und Kulturwesen sind, bedeutet das Leben unter evolutionär neuen Bedingungen für uns eine zusätzliche Belastung: Wenn die Bedingungen dauerhaft vom biologischen Optimum abweichen, kann daraus Stress entstehen, der über längere Zeit bestehend zu gesundheitlichen Schäden führen kann.

Doch nicht nur die individuellen negativen Konsequenzen machen das Leben in modernen Umgebungen zur Herausforderung, sondern auch unsere Tendenz, uns auf unsere evolutionär entstandenen Strategien zu verlassen, obwohl diese nicht zu den vorliegenden Probleme passen. Dies führt zu Fehlentscheidungen und Verhalten, das negative Konsequenzen im Heute nach sich ziehen kann. [4]

Um also negative gesundheitliche Folgen zu vermeiden, sowie das soziale Miteinander in Städten zu regulieren, sollten die evolutionär entstandenen Eigenschaften und Bedürfnisse berücksichtigt werden.

3. Menschengerechtes Bauen führt zu besserer Funktionalität

Bei vielen planerischen Überlegungen dominieren Faktoren wie Kosten, technische Machbarkeit und künstlerische Darstellung. Überlegungen zur Qualität, die ein Gebäude für die NutzerInnen haben wird, fließen meist nur als Nebengedanken in den Planungsprozess ein. Sofern die menschlichen Bedürfnisse überhaupt wahrgenommen werden, wird ihnen selten eine essentielle Rolle zugeschrieben. Wo Technik und Kosten Pflichtelemente der Planung sind, ist die Menschengerechtigkeit eine freiwillige Übung, auf die gerne verzichtet werden kann.

Dass dies so geschieht, ist einerseits auf Unwissen, andererseits auf den Kostendruck zurückzuführen. Die Konsequenz dieser Einsparung im Planungsprozess kann jedoch eine Multiplizierung der eingesparten Kosten durch notwendige Nachbesserungen sein, oder sogar eine völlige Dysfunktionalität des Gebäudes, was in einer extrem verkürzten Nutzungsdauer resultiert. Es ist also ein grundlegendes Umdenken erforderlich. Die menschlichen Bedürfnisse und Verhaltenstendenzen sind DIE zentralen Faktoren, die über das Funktionieren eines Gebäudes entscheiden. [5]

Wo immer Schnittstellen zwischen Menschen und gebauten Strukturen zu finden sind, können Fehler im Design dazu führen, dass die Nutzbarkeit der Strukturen darunter leidet, was nicht nur zu einer Beeinträchtigung der qualitativen Wahrnehmung durch die NutzerInnen, sondern auch zu Fehlnutzungen führt. Diese Fehlnutzungen wiederum wirken sich negativ auf die Energieeffizienz, die Raumnutzung, und die Nachhaltigkeit eines Gebäudes aus. Wird andererseits gleich von Anfang an mitgedacht, wie Menschen mit den Strukturen interagieren werden, können betriebliche Probleme über weite Strecken vermieden werden. [4]

4. Die Stadt der Zukunft braucht evolutionäre Visionen

Besonders im Lichte zunehmender Globalisierung und Urbanisierung bedarf es eines verstärkten Fokus auf die Qualität des urbanen Raumes. Die großen Herausforderungen der Stadt der Zukunft bestehen einerseits darin, die Klimaresilienz sicherzustellen, aber andererseits besonders auch darin, den sozialen Herausforderungen gerecht zu werden, die eine unvermeidliche Begleiterscheinung von rasch wachsenden Ballungsräumen sind. Die Qualität eines urbanen Lebens steht und fällt mit der Qualität des öffentlichen Raumes. [5]

Dies steht diametral im Widerspruch zur Herangehensweise, wie Urbanität in vielen Fällen geplant wird: Das Hauptaugenmerk liegt meist auf den Gebäuden und der Innenraumgestaltung, aus Gründen der Profitmaximierung. Die Freiraumgestaltung bleibt ein Nebenschauplatz, ein Nachgedanke, für den dann oft genug keine Mittel mehr übrig bleiben. Für die Quali-

tät des urbanen Raumes ist dies fatal. Es entstehen dadurch Nicht-Räume, die aufgrund ihrer mangelnden Nutzungsqualitäten der sozialen Integration entgegenwirken.

Jan Gehl empfiehlt, den Planungsprozess umzudrehen, also ausgehend vom öffentlichen Raum und den ihm zugedachten Funktionen zu denken. [5] Dieser Zugang hebt den öffentlichen Raum ins Zentrum der Urbanität, und ordnet die Gebäude der urbanen Funktion unter. [6] Durch diesen Ansatz kann die zentrale Herausforderung des urbanen Zusammenlebens gemeistert werden: Aus einem anonymen Konglomerat entstehen Nachbarschaften, soziale Kerneinheiten mit einem territorialen Gefüge, die auf einer Mikroebene den großen Problemen des urbanen Miteinanders entgegenstehen. [7]

Homo sapiens ist nämlich auf der biologischen Ebene von der sozialen Komplexität, die mit der urbanen Lebensweise einhergeht, überfordert. Laut Robin Dunbar liegt die Grenze an sozialer Komplexität, die wir kognitiv verarbeiten können, bei einer Gruppengröße von circa 150 Individuen. Städte haben zigtausende bis zig Millionen EinwohnerInnen, sind also mit jenen sozialen Strukturen, zu denen wir evolutionär passen, nicht vergleichbar. Dennoch bedienen wir uns der Mechanismen, die in den Kleingruppen der Umgebung evolutionärer Angepasstheit wirksam waren, obwohl sie für die aktuellen Herausforderungen keine passenden Strategien bieten. [3]

Soziale Strukturen benötigen zum Aufbau und Erhalt Interaktionsflächen, die ein unverbindliches Aufeinandertreffen ermöglichen. Diese Funktion kann im urbanen Umfeld kein Bereich so gut erfüllen wie der öffentliche und halböffentliche Raum. Durch kluge Gestaltung der territorialen Übergänge, sowie qualitative Aufwertung des öffentlichen Raumes durch Naturelemente, Prospect- und Refuge-Qualitäten und Aufenthaltsplätze wird die Attraktivität des öffentlichen Raumes erhöht. Die hohe Attraktivität führt zu erhöhter Nutzungshäufigkeit, was wiederum die Wahrscheinlichkeit des Aufeinandertreffens mit Nachbarn, und so die Ausbildung von sozialen Beziehungen fördert. [8] [9]

Urbanität funktioniert dann besonders gut, wenn soziale Substrukturen entstehen, in Form von Nachbarschaften oder Grätzeln. Bei gewachsenen urbanen Strukturen – von der mittelalterlich geprägten Stadt Mitteleuropas bis hin zu Slums in der Peripherie von Megacities – stellen diese sozialen Strukturen das Rückgrat des Lebens dar. Sie sind nicht nur bestimmend für die soziale Qualität, sie sind auch ausschlaggebend für das Management von Verschmutzung, Vandalismus und Kriminalität, bis hin zur Sicherstellung von Versorgungsstrukturen. [4]

Urbanität kann also nur dann funktionieren, wenn die Verhaltenstendenzen der Menschen berücksichtigt werden. Plant man ausgehend von abstrakten Metaebenen wie ökonomischen oder verkehrspolitischen

Überlegungen, resultiert daraus nicht nur eine reduzierte Lebensqualität für die NutzerInnen, sondern auch eine verringerte Lebenserwartung der so geplanten Strukturen. Das Lehrbeispiel dafür, was geschieht, wenn man an den Menschen vorbeiplant, ist das Schicksal des Projektes Pruitt Igoe, das aufgrund seiner ökonomischen Errungenschaften mit Preisen ausgezeichnet wurde, jedoch aufgrund seiner mangelnden Menschentauglichkeit nach weniger als 20 Jahren abbruchreif war. [10]

Dass mittelalterlich gewachsene Strukturen und Altbauten für uns heute noch immer eine besondere Anziehungskraft ausüben, hat weniger damit zu tun, dass früher besser gebaut wurde, sondern es haben sich vielmehr Strukturen gehalten, die funktionierten und immer noch funktionieren. Deshalb sind diese alten gewachsenen Strukturen durchaus relevante Lehrmeister für das Bauen der Zukunft.

Wenn wir also nachhaltig gute Strukturen für die Zukunft bauen wollen, ist ein Blick in die historische und evolutionäre Vergangenheit eine notwendige Übung. ◆

Literaturverzeichnis

[1] Orians GH, Heerwagen JH (1995) Evolved responses to land- scapes. In: Barkow JH, Cosmides L, Tooby J (Hrsg) The adapted mind: evolutionary psychology and the genera- tion of culture, 2. Aufl. Oxford University Press, New York, S 555–579

[2] Coss, R.G. (2003). The role of evolved perceptual biases in art and design. In: E. Voland, & K. Grammer (Hrsg.), Evolutionary aesthetics. Berlin: Springer. 69-130.

[3] Dunbar, R. (1996). Grooming, Gossip and the Evolution of Language. London: Faber and Faber.

[4] Oberzaucher, E. (2017). Homo Urbanus: Ein evolutionsbiologischer Blick in die Zukunft der Städte. Berlin: Springer.

[5] Gehl, J (1987) Life Between Buildings: Using Public Space, translated by Jo Koch, Van Nostrand Reinhold, New York.

[6] Walden, R. (1995). Wohnung und Wohnumgebung. In: Keul, A. (Hrsg.), Wohlbefinden in der Stadt. Umwelt- und gesundheitspsychologische Perspektiven. Weinheim: Beltz. 69-98.

[7] Kuo, F.E., Bacaicoa, M., Sullivan, W.C. (1998).Transforming innercity landscapes: trees, sense of safety, and preference. Environ Behav 30 (1), 28-59.

[8] Taylor, R.B. (1988). Human territorial functioning: an empirical, evolutionary pespective on individual and small group territorial cognitions, behaviors and consequences. Cambridge University Press.

[9] Appelton, J. (1984). Prospects and refuges re-visited. Landscape Journal. 3(2). 91-103.

[10] Montgomery, Roger (1985). "Pruitt–Igoe: Policy Failure or Societal Symptom". The Metropolitan Midwest. Urbana/Chicago: University of Illinois Press.

CoolKREMS – Messung und Beeinflussung der Klima-Resilienz von Siedlungsgebieten

Christine Rottenbacher, Daniela Trauninger
Department für Bauen und Umwelt, Donau-Universität Krems

Das Forschungsprojekt CoolKREMS beschäftigt sich mit der urbanen Hitzeinsel-problematik in der Stadt Krems. Dazu werden die Hitzeinseleffekte im historischen Altstadtensemble durch Messungen evaluiert und unterschiedliche passive Kühlstrategien am und im Umfeld des Gebäudebestands wie z.B. Begrünungsmaßnahmen, Nachtlüftung, Verschattung, etc. auf Ihre Wirksamkeit geprüft und Ihr Potenzial abgeschätzt. Die Ergebnisse zeigen, dass die Stadt Krems bereits jetzt von der Problematik urbaner Hitzeinseln betroffen ist. Sollten keine Maßnahmen zur Kühlung getroffen werden, so ist davon auszugehen, dass im Jahr 2050 ein Großteil der bestehenden historischen Gebäude von einer signifikanten sommerlichen Überwärmung betroffen ist. Gleichzeitig konnte aber auch das enorme Kühlpotenzial der oben genannten Maßnahmen aufgezeigt werden. Behagliche Innenraumtemperaturen sind in Zukunft v.a. im städtischen Bereich nur dann möglich, wenn Begrünungsmaßnahmen zur Außentemperaturabsenkung mit passiven Kühlstrategien sinnvoll ergänzt und kombiniert werden. Mit Hilfe von studentischen Projektarbeiten wurden derartige wirksame Begrünungsmaßnahmen an beispielhaften Altstadtplätzen in der Kremser Innenstadt ausgearbeitet.

Measuring and Influencing the Climate Resilience of Settlement Areas
The research project CoolKREMS deals with the urban heat island problem in the city of Krems. For this purpose, the heat island effects in the historic old town ensemble are evaluated by measurements and different passive cooling strategies on and in the vicinity of the buildings, e.g. greening measures, night ventilation, shading, etc. checked for their effectiveness and assessed in their potential. The results show that the city of Krems is already affected by the problem of urban heat islands. If no cooling measures are taken, it can be assumed that in 2050 a large part of the existing historical buildings will be significantly overheated in summer. At the same time, however, the enormous cooling potential of the above-mentioned measures could be shown. In the future, comfortable interior temperatures will include networking greening measures for lowering the outside temperature combined with passive cooling strategies in the urban area. With the help of student project work, such effective greening measures were worked out at exemplary old town squares in downtown Krems.

1. Ausgangslage und Problemstellung

Durch den anthropogenen Klimawandel sind in Österreich bis zum Jahr 2050 ein deutlicher Temperaturanstieg sowie eine verbreitete Zunahme von Hitze- und Trockenheitstagen zu erwarten. Dadurch wird auch der Kühlenergiebedarf von Gebäuden signifikant steigen, was den nachhaltigen Betrieb des historischen Gebäudebestands auch in Krems vor neue Herausforderungen stellt. Die Auswirkungen urbaner Hitzeinseln zeigen sich bereits heute in vielen, nicht nur historischen, Gebäuden durch die Überwärmung von Innenräumen. Dies betrifft mittlerweile nicht mehr nur die Sommermonate, sondern tritt auch in den Übergangszeiten auf. Die Auswirkungen auf die Leistungsfähigkeit und Gesundheit sind hinlänglich bekannt.

Im Projekt CoolKREMS werden an den Standort angepasste Lösungen zur Reduzierung der Umgebungstemperaturen entwickelt und auf Ihre Wirksamkeit untersucht. Durch Begrünungsmaßnahmen am Gebäude kann zusätzlich zu einer geeigneten Material- und Farbwahl sowie einer gezielten Wärmeabfuhr, die Oberflächentemperatur reduziert werden. Durch Begrünungsmaßnahmen in der Umgebung können durch Beschattung und Verdunstungskälte weitere Schritte zur Senkung des Kühlenergiebedarfs getätigt werden.

Bei der Betrachtung des Gebäudes selbst können Planungsstrategien zur Minimierung des Kühlenergiebedarfs im Bestand nur mehr bedingt umgesetzt werden. Ebenso sind aktive Kühlmaßnahmen sowohl ökologisch als auch ökonomisch zu hinterfragen und im denkmalgeschützten Bestand oftmals auch nicht umsetzbar. Passive Kühlmaßnahmen wie Nachtlüftung und tageslichtoptimierte Verschattung weisen hingegen vor allem in ihrer Kombination ein hohes Potenzial zur energieeffizienten und kostengünstigen Kühlung auf und können denkmalschutzverträglich umgesetzt werden. Diesen Maßnahmen ist gegenüber Aktiven der Vorzug zu geben. [1]

Für die Stadt Krems mit einer Vielzahl geschlossener Altstadtbestände sind derartige denkmalkonforme Lösungsansätze notwendig. Im Hinblick auf zukunftsfähige Stadtentwicklungsaspekte wie Lebensqualität, Resilienz und Umweltgerechtigkeit müssen gerade für die Weltkulturerbestadt Krems konkrete Kühlstrategien erarbeitet und in ihrer Wirkungsweise beziffert werden.

2. Forschungsansatz

Anhand des Forschungsprojektes CoolKREMS sollen folgende Fragestellungen beantwortet werden:

1. Ist die urbane Hitzeinselwirkung an beispielhaften Plätzen der Kremser Altstadt signifikant? Mit welchen Kriterien kann dies festgestellt werden?

2. Kann mit Begrünungsmaßnahmen zur Verbesserung des Mikroklimas

sowie mit passiven Kühlstrategien an einem beispielhaften historischen Gebäude (natürliche Nachtlüftung und tageslichtoptimierte Verschattung) ein Beitrag zur Innenraumtemperaturabsenkung geleistet werden?

3. Welche Maßnahmen sind diesbezüglich am zielführendsten?

Ziel des gegenständlichen Forschungsprojektes war die Abschätzung der Wirksamkeit unterschiedlicher passiver Kühlstrategien zur Definition weiterer strategischer Schritte für das Stadtgebiet Krems bis ins Jahr 2050.

Zur Evaluierung des urbanen Hitzeinseleffekts, speziell für Krems, wurden dazu in einem ersten Schritt ausgewählte historische Plätze der Stadt Krems in Bezug auf ihre klimatischen Randbedingungen (Temperatur, Luftfeuchtigkeit) vermessen und mit Klimadatensätzen in offener Bebauungsstruktur verglichen.

Der so ermittelte urbane Hitzeinseleffekt wurde ebenso wie eine synthetische sommerliche Hitzeperiode nach Norm beaufschlagt und in diesem Projekt als Referenz-Hitzeperiode für 2050 herangezogen.

Anhand eines kritischen Raumes innerhalb eines ausgewählten Gebäudes im Altstadtensemble von Krems wurde der Tagesverlauf der operativen Temperatur bei unterschiedlichen passiven Kühlstrategien ermittelt und sowohl einzeln als auch in

ihrer Kombination auf ihre Wirksamkeit bewertet.

3. Grundlagen zukunftsfähiger Stadtentwicklungskonzepte

3.1. Lebensqualität einer Stadt

Den Städten kommt als Motoren der Wirtschaft, als Orte der Vernetzung, der Kreativität und Innovation und als Dienstleistungszentren für ihre umliegenden Gebiete eine entscheidende Bedeutung zu. Stadtpolitik und Stadtplanung umfassen für die Umsetzung von klimarelevanten Maßnahmen im Wesentlichen folgende Gebiete:

1. Allen BewohnerInnen der Stadt sollen möglichst gleiche, ihren Bedürfnissen entsprechende, differenzierte Lebenschancen gesichert und zur Verfügung gestellt werden, entsprechend kühle, gesunde Lebensräume sind eine Basis, um dies zu sichern.

2. Die natürlichen Ressourcen sollen geschont und der Flächenverbrauch und die Umweltbelastungen reduziert werden; dem steht entgegen, dass viele Städte wachsen, entweder in die Höhe oder in die Breite; Wachstum in die Breite wird mit Zersiedelung gleichgesetzt und nach wie vor ein reduziertes Wachstum (Hagelversicherung [2]) eingefordert, um dem erhöhtem Boden- und Wohnflächenverbrauch und wachsenden Verkehrsströmen sowie Kohlendioxid-Emissionen zu begegnen. Wachstum in die Höhe steigert die innerstädtische Bevölkerungsdichte und kann dadurch

zu wachsenden negativen Effekten zwischen den StadtbewohnerInnen (durch z.B. Lärm, Staub, Stau, lokale Hitzeinseln) führen. Besonders gefordert sind dabei infrastrukturelle Entwicklungen für den Klimawandelausgleich (Regenwassermanagement und Schaffen einer zusammenhängenden Grünen Infrastruktur).

3. Nutzungen im Raum sollen deshalb ausgewogen entlang von Wegen und Plätzen strukturiert werden, um kurze Wege, Erreichbarkeiten und Verfügbarkeiten von den entsprechenden Infrastrukturen zu gewährleisten; zu den hier als klimarelevant zu beachtenden Infrastrukturen zählen:

... grüne und blaue Infrastruktur: Vegetation und Regenwassermanagement [3] [4] [5] [6] als wesentliche Basis für Sicherheit, Wohlbefinden, Gesundheit, soziale Zufriedenheit und ökologische Adaptierung unserer umbauten Lebenswelten (bezüglich Klimawandel und Biodiversität).
...technische Infrastruktur: dazu zählen alle klassischen Ver- und Entsorgungen wie Energieversorgung, Strom, Gas, Fernwärme, Kommunikationsnetze, Trinkwasserversorgung, Müll- und Abwasserentsorgung.
... Verkehrsinfrastruktur: mit vielfältigen Angeboten an öffentlichem Verkehr, Carsharing, Lastenräder, Leihinitiativen etc.
... soziale Infrastruktur, wie Bildungseinrichtungen, Bibliotheken, Schulen , Universitäten, u.a.m., Fürsorgedienstleistungen mit Kinderbetreuung, Altenbetreuung, Frauenhäuser.

...Gesundheitssystem mit Krankenhäusern und Rettungsdiensten, kulturelle Einrichtungen, Theater, Museen, etc., öffentliche Sicherheit, Sport und Freizeiteinrichtungen.

Infrastruktur ist dabei wie ein zugrundeliegendes öffentliches Netzwerk zu betrachten, das, wenn in Anspruch genommen, die jeweiligen Nutzungen der städtischen Räume ermöglicht, ausformt und letztendlich die Entwicklung von Beziehungen zu diesen Räumen (Identitätsstiftend, wenn z.B. im Alltagsraum Fahrradwege auch zum Morgenlauf einladen und mehr Begegnungsräume durch diese „Versorgung" geschaffen werden) ermöglicht.

Aufgrund ihrer Dichte können Städte ein gewaltiges Potenzial für eine Energieeinsparung und die Entwicklung einer kohlenstoffneutralen Wirtschaft bieten. Städte sind aber auch Orte, an denen sich Probleme wie Arbeitslosigkeit, Segregation und Armut konzentrieren. Umsichtige Stadtentwicklungen sind daher von elementarer Bedeutung für die erfolgreiche Umsetzung der Strategie „Europa 2020". [7]

3.2. Klimareslilienz einer Stadt

Die Fähigkeit, externe und interne klimatische Extremereignisse als Folge von Klimaveränderungen ohne Schaden zu bewältigen, wird als Klimaresilienz bezeichnet. Unter dem Begriff Resilienz werden die Robustheit - die Fähigkeit eines Standortes bzw. eines Stadtsystems gegenüber externen Stressfaktoren, Schocks und Krisen zu

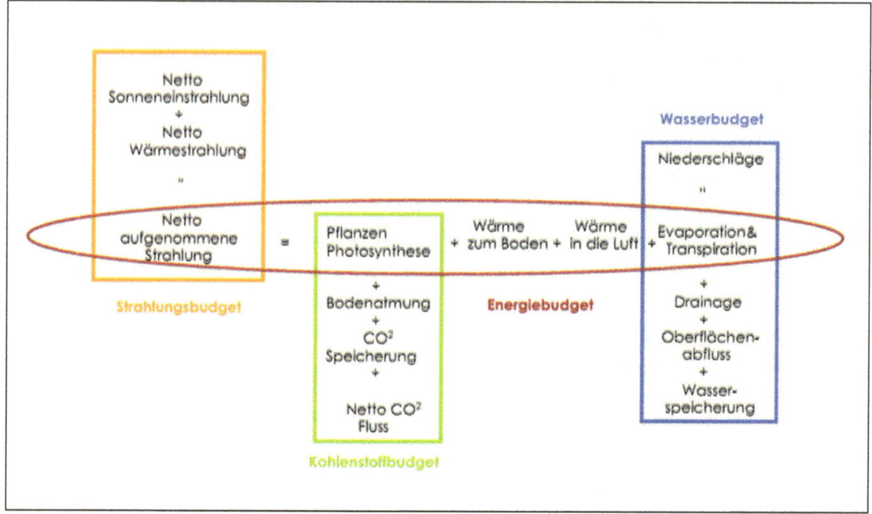

Abb. 1: *SPAC Boden-Pflanzen-Atmosphäre Kontinuum an einem Standort, Übersetzung Cassidy & Rottenbacher 2019, nach Norman & Anderson 2005.*

widerstehen und die Anpassungsfähigkeit bzw. Flexibilität - die Fähigkeit vor- und nach zu sorgen bzw. vielfältig zu reagieren, zusammengefasst. [4] [5]

Dabei gehen wir davon aus, dass unsere ursprünglich klimatisch ausbalancierten Standorte in Österreich aufgrund eines ausgewogenen Zusammenspiels der Bodenbeschaffenheit, dem solaren Strahlungsklima, der Wasser- und Nährstoffversorgung sowie der Vegetation (hier war größtenteils eine durchgehende geschlossene Walddecke vorhanden) erhalten wurden.

Diese natürlichen Prozesse wirkten über Jahrhunderte entsprechend der jeweiligen pfleglichen Maßnahmen der Menschen und haben so unsere lebenswerten Standorte mit seltenen Extremereignissen gesichert. Genau diese natürlichen Prozesse wurden in ihrem System massiv beeinträchtigt durch:

- die Veränderung der Siedlungsmuster und der Versiegelung der Böden- immer größere Bauten in befestigten Straßen- und Platzräumen verdrängen funktional zusammenhängende Boden - Pflanzen - Wasserräume,
- das Verdichten der Böden und der Abnahme der Bodenqualitäten sowie des Bodenwassers.

Dadurch wurden austrocknende Landschafts- und Siedlungsräume geschaffen. Diese weisen in den Sommermonaten eine extreme Trockenheit mit vermehrter Hitzeinselwirkung auf. Zusätzlich können dadurch auch nicht mehr die nötigen Verdunstungsleistungen für eine Kühlung unserer

Stadträume erbracht werden. Um die ursprünglich wirkenden natürlichen Prozesse verstehen zu können, die unsere lebenswerten Standorte geschaffen haben, kann das adaptierte soil plant atmosphere continuum SPAC Konzept von Norman und Anderson [8] bei der Überprüfung der Klimaresilienz unserer Räume genützt werden (Abb.1). Das Konzept SPAC wurde ursprünglich entwickelt, um optimale Produktionsbedingungen für unterschiedliche landwirtschaftliche Produkte zu entwickeln und diese in einem zusammenhängenden System von solarem Strahlungshaushalt, Pflanzenwachstum, Wasserversorgung, CO_2 Speicherung und Nutzung zu verstehen.

Wasser ist die präsenteste Komponente des SPAC. In seinen drei Formen, fest, flüssig und gasförmig kann Wasser vor allem in den Phasenübergängen durch Verdunstung und Kondensation enorme Mengen an Energie speichern bzw. freisetzen. Auch spielt seine Zusammensetzung bei der CO_2 Speicherung (Photosynthese) und - Freisetzung eine entscheidende Rolle. Damit hängt der Wasserhaushalt ursächlich mit dem Energie- und CO_2-Haushalt zusammen und bedingt einer gemeinsamen Betrachtung, wenn man die Ursachen und Auswirkungen des Klimawandels verstehen sowie Handlungsansätze entwickeln möchte.

Eine aktuelle Studie von Bartesaghi Koc et al. (2018) zeigt, dass aus allen durchgeführten Studien zum Kühleffekt der grünen Infrastruktur der Beitrag des Kühleffekts von Parks und „Park Cool Island" PCI oder als „Green Space Cool Island " GCI nicht nur Bereiche innerhalb der Parks, sondern auch der Umgebung kühlt.

Dabei spielt die Größe von Parkanlagen und die Distanz zu stark erwärmten Stadtbereichen eine Rolle. In städtischen Parkanlagen mit den Größen von 0,1 ha zu 41,9 ha konnte eine Kühlung bis zu 5° Celsius festgestellt werden. Die Kühlung hängt dabei von der saisonalen Strahlung, der Kompaktheit des Parks, der Artenzusammenstellung (Laubgehölze kühlen besser als Nadelgehölze), Anteil an Bäumen, Sträuchern und Wiesen- sowie Grasbereiche und der Intensität und Vielfalt der Nutzungen ab. Weitere wichtige Aspekte sind die Wasserverfügbarkeit und die Bodenbeschaffenheit in den markanten heißen Monaten.

4. Beurteilen der klimarelevanten Zukunftsfähigkeit ausgewählter Stadträume in Krems

Um die konkreten Situationen an den ausgewählten Plätzen analysieren zu können wurde in einer StudentInnenarbeit (StudentInnen der Lehrgänge Ökologisches Grünraummanagement und Sanierung und Revitalisierung) eine Klimaresilienzanalyse durchgeführt. Dabei wurde der Anteil der versiegelten Flächen zur jeweiligen Gesamtfläche beurteilt, sowie die Ausstattung und Vitalität der vorhandenen Vegetation sowie das bestehende Regenwassermanagement (inwieweit es zurückgehalten und zur Kühlung eingesetzt wird). Dazu wurden die regulierenden Ökosystemleistungen auf Ihre Kühlleistung evaluiert, um feststellen zu können inwieweit die konkreten Standorte in der Lage sind als Kühloasen für lebenswerte Stadträume zu funktionieren bzw. ob sie dazu ausgebaut werden können. Dazu zählen die Kriterien:

- **Funktioniert der lokale Wasserkreislauf mit Grüner Infrastruktur?** wird das Regenwasser vor Ort zurückgehalten, verlangsamt, verteilt und infiltriert (Bäume können Regenwasser z.B. 10-15 Minuten zurückhalten, erst dann fließt das Wasser weiter, Sträucher halten es weniger lange zurück, offene bewachsene Böden noch weniger und bei befestigten Böden (auch trockenem Rasen) fließt das Wasser sofort oberflächlich ab.
- **Gibt es ein Management des Strahlungshaushaltes mit Grüner Infrastruktur?** (Beschattung und Verdunstung), Pflanzen kühlen zuerst sich selbst, z.B. kann man bei Wärmebildkameras gut erkennen, dass die Oberflächen von Blättern zwar kühler sind als Baumaterialien, doch wärmer als das Innere einer Baumkrone, die stärkste Kühlung geschieht durch Verdunstung und Beschattung innerhalb der Baumkrone und darunter- wobei hier wiederum ein großer Unterschied (bis zu $5°$ C) besteht, ob die Bäume in grünen feuchten Grünflächen

stehen, oder in kleinen Baumscheiben auf befestigten Oberflächen.
- **Wird eine Klimabalance durch CO_2 Speicherung in GI verwirklicht?** Stadtwälder binden am meisten CO_2, verholzte mehrjährige Pflanzen halten mehr gebunden als einjährige Pflanzen, humusreiche Böden halten mehr gebunden als trockene Rasenanlagen oder Kiesbeete.
- **Wird die Luft- und Wasserqualität durch GI Maßnahmen verbessert?** Pflanzen können Schadstoffe aufnehmen, aus der Luft, aus dem Boden und aus dem Wasser, je mehr Raum sie dafür haben und je vielfältiger die Pflanzen sind, umso gesünder sind unsere Lebensräume.[1]

Kulturelle Ökosystemleistungen wurden ebenfalls erhoben und zeigen die Beziehungen der Menschen mit den Ökosystemen und Stadtlandschaften. Dabei sieht man, wie gut Räume mit Grüner Infrastruktur versorgt sind und wie die natürlichen Prozesse im Alltag genützt werden können.

Dabei untersuchten die StudentInnen, ob alle Altersgruppen den Kontakt zur Natur für Erholung und Regeneration in kurzer fußläufiger Distanz zur Verfügung haben. Eine vielfache Nutzbarkeit eines Grün- oder Freiraumes, auch für alltägliche Außenarbeiten wurde ebenfalls berücksichtigt, da dies vermehrt mit Gesundheit und dem Stärken der Leistungsfähigkeit für alle Altersgruppen in Verbindung gebracht

---

1 Siehe Arbeiten des Teams von Prof. Hartl der Salzburger Paracelsusuniversität.

wird. Deshalb werden zunehmend Frei- und Grünräume mit diesen Qualitäten in regelmäßigen Abständen im städtischen Kontext eingefordert.

Eine gute Erreichbarkeit und Zugang zu begrünten Bereichen für alle ist ein weiterer wesentlicher Qualitätsaspekt. Dabei ist es auch wichtig zu beachten, dass die Mobilität vieler Personen wie z.B. kleiner Kinder und älterer Menschen häufig eingeschränkt ist und aus diesem Grund Spiel- und Erholungsbereiche in kurzen Distanzen benötigt werden. Dazu werden neben großflächigen Grünräumen wie Parks auch:
• vereinzelte Grünflächen als Teil von Verbindungen, Spazier-, Lauf- bzw. Radrouten, Spiel- und Sportplätzen,
• spezielle grünbezogene, gesundheitliche und sozial-kulturelle Angebote und
• Ruhe- und Rückzugszonen für Entspannung und Erholung angestrebt.
Grün- und Freiräumen wird auch besondere Bedeutungen für Identität und Bildung zugeordnet.

Die Analysen der StudentInnen umfassten neben der Beurteilung der Klimaresilienz eine allgemeine Betrachtung der Verkehrs- und Wegekonzepte, die architektonische Gestaltung, sowie eine barrierefreie Erschließung des Pfarrplatzes und Körnermarkts im Altstadtgebiet von Krems.

Im Zuge von Projektarbeiten wurden durch StudentInnen des Lehrgangs „Ökologisches Garten- und Grünraummanagement" (MSc) sowie „Sanierung und Revitalisierung" (MSc) Umsetzungskonzepte zur Bepflanzung, Regenwassernutzung und Umgestaltung der ausgewählten Plätze erarbeitet.

Auf Grund der dominanten Nutzung durch Autos (insbesondere des ruhenden Verkehrs), ist auf den gesamten Platzflächen sowie auf den angrenzenden Flächen keine Möglichkeit einer weiterführenden Nutzung für AnwohnerInnen und StadtbesucherInnen gegeben. Der vorhandene Grünraum bzw. die Bäume im Bestand sind durch die massive Parkplatznutzung kaum wahrnehmbar. Hinsichtlich der Klimaresilienz, vor allem im Hinblick auf die weiträumige Versiegelung und Abführung des Regenwassers sind er-

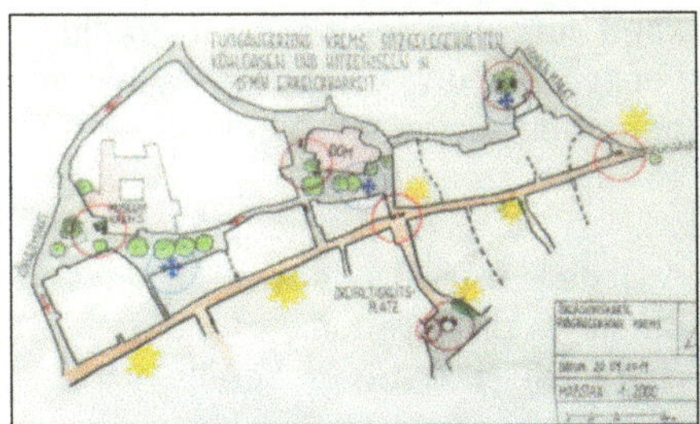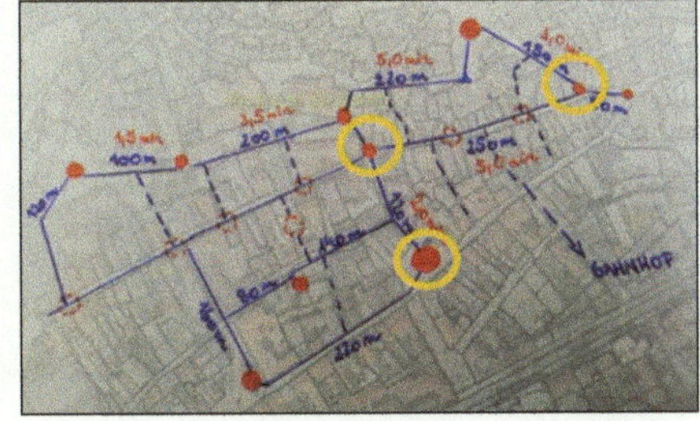

Abb. 2 & Abb. 3: *StudentInnenarbeiten zu „kritische Bereiche" (Waldbauer 2019) und „Begegnungsplätze" (Aigner 2019).*

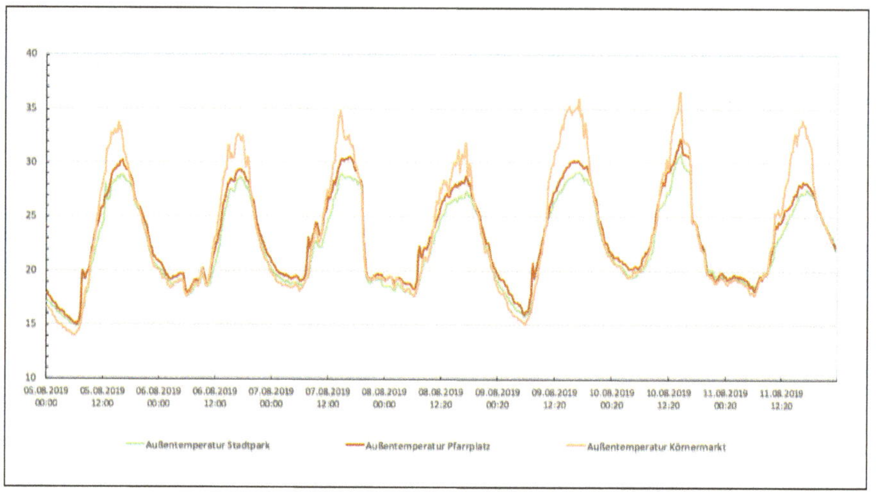

Abb. 4: *Vergleich der Lufttemperatur an den drei Standorten (D. Trauninger).*

hebliche Hitzeprobleme zu erwarten. Durch die derzeitige Oberflächenausführung ist eine entsprechende barrierefreie Zugänglichkeit und Nutzbarkeit für Menschen mit Behinderung nicht gegeben. Dazu zählen auch die ungünstige Platzierung von spärlichem Stadtmobiliar.

Beispiele von Analysen und Ideen:

Zur Evaluierung des urbanen Hitzeinseleffekts der Altstadt Krems wurden die Außenlufttemperaturen an zwei historischen Plätzen der Stadt Krems (Körnermarkt und Pfarrplatz) mit Hilfe einer Wetterstation[2] vermessen und mit gleichermaßen aufgezeichneten Wetterdaten im Stadtpark Krems verglichen. In Abb. 4 werden die Ergebnisse dieser Messungen für eine bei-

spielhafte heiße Sommerperiode im August 2019 grafisch dargestellt. Hier wird ersichtlich, dass bei gleichen Rahmenbedingungen (Wetterstationen verschattet keine direkte Sonnenbestrahlung) Tagestemperaturunterschiede bis zu 2K möglich sind.[3] Dabei muss angemerkt werden, dass es sich um Lufttemperaturmessungen handelt. Die operative Temperatur (also die gefühlte) Temperatur, welche sich aus der Lufttemperatur und den Oberflächentemperaturen zusammensetzt kann aufgrund der Wärmeabstrahlung versiegelter und verbauter Flächen an den zwei Plätzen signifikant höher sein als im Stadtpark.

Aus den Messergebnissen lassen sich damit im dicht verbauten und großflächig versiegelten Gebiet bereits jetzt ein-

---

2 BRESSER WI-FI Colour Weather Station with 5in1 Multisensor.
3 Die Wetterstation am Körnermarkt war tagsüber direkter Sonnenbestrahlung ausgesetzt, was trotz Einhausung des Temperaturfühlers höhere und damit nicht vergleichbare Lufttemperaturmesswerte verursacht.

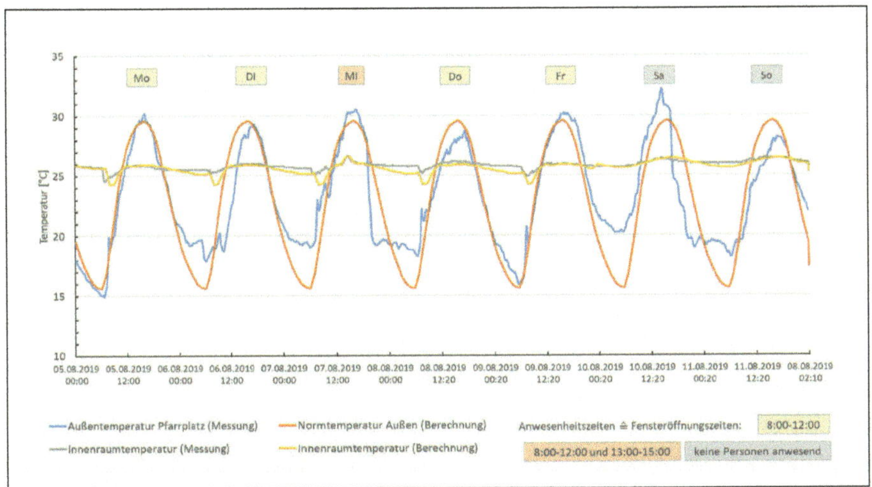

Abb. 5: *Messwerte & Simulationsergebnisse des repräsentativen Büroraumes (D. Trauninger).*

deutige urbane Hitzeinseleffekte im Altstadtensemble der Stadt Krems ableiten.

5. Variantenstudie zum Vergleich passiver Kühlstrategien

Für einen respräsentativen Büroraum (Ausrichtung Nord) innerhalb des Magistrats im Altstadtensemble von Krems (Pfarrplatz) wurde parallel zu den Wetterdatenaufzeichnungen auch die Innentemperatur des Raumes gemessen sowie das Nutzerverhalten (Anwesenheitszeiten, Fensteröffnung) aufgezeichnet. Anschließend wurden die Raumtemperaturen mit Hilfe einer thermisch dynamischen Gebäudesimulation im periodisch eingeschwungenen Zustand für einen heißen Sommertag gemäß ÖNORM B 8110-5

berechnet. Die simulierten Ergebnisse zeigen, wie in Abb. 5 ersichtlich, eine sehr gute Übereinstimmung mit den gemessenen Daten, womit die Simulation des Büroraumes als Grundlage für die weitere Variantenstudie herangezogen wird.

Als Basis- und Vergleichsszenario für die anschließende Variantenstudie wurde der für die Berechnung zu Grunde liegenden Temperaturtagesamplitude eine Temperaturerhöhung für das Jahr 2050 [2] hinzugerechnet.[4] Zudem wurde neben dem Nordbüro ein kritischer Raum (unverschattetes Südbüro) betrachtet. Aus Abb. 6 wird ersichtlich, dass sich für das unverschattete Südbüro im historischen Altbaubestand (beispielhaft Südbüro

---

4 In Anlehnung an das Factsheet für Niederösterreich (ÖSK15) wurde dabei eine moderate Temperaturerhöhung von ca. 1,6°C herangezogen (Änderungen lt. Factsheet beziehen sich auf das Jahresmittel 1971-2000 während sich die Klimadaten lt. ÖNORM B 8110-5 auf die Jahre 1981-2000 beziehen, aus diesem Grund wurde die Temperaturerhöhung etwas niedriger angenommen als lt. RCP 4.5=Klimaschutz-Szenario).

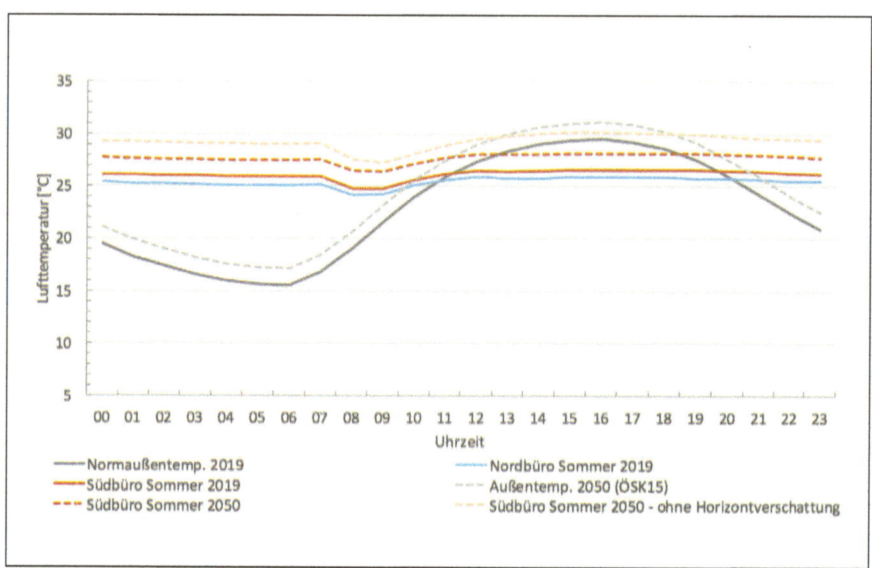

Abb. 6: *Simulationsergebnisse für das Jahr 2019 und 2050 für ein unverschattetes Nord- und Südbüro im historischen Bestand (Magistrat Krems).*

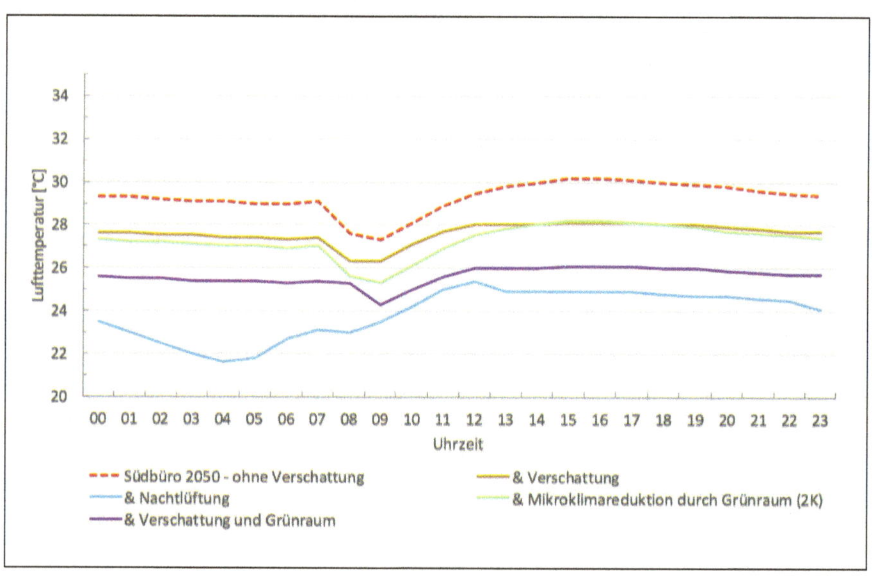

Abb. 7: *Temperaturverlauf Südbüro im Jahr 2050 bei unterschiedlichen passiven Kühlstrategien (D. Trauninger).*

Magistrat) Tageshöchsttemperaturen von über 30° ergeben.

Anhand des unverschatteten Südbüros wurde anschließend für das Jahr 2050 der Tagesverlauf der operativen Temperatur bei unterschiedlichen Strategien zur Temperaturabsenkung untersucht. Folgende passive Kühlmaßnahmen wurden dabei betrachtet:

• Begrünungsmaßnahme am Pfarrplatz mit einer wirksamen Außentemperaturabsenkung von 2K
• Natürliche Nachtlüftung (Öffnung der Fenster von 22 Uhr bis 6 Uhr)
• Verschattungsmaßnahmen am Kastenfenster[5]

Die Einflüsse dieser Kühlmaßnahmen auf die Rauminnentemperatur werden in Abb. 7 grafisch dargestellt. Es wird ersichtlich, dass die natürliche Nachtlüftung mit Abstand das größte Potenzial zur wirksamen Raumtemperaturabsenkung aufweist. Im Jahr 2050 könnte damit eine sommerliche Überwärmung des Raumes hintangehalten werden. Hier muss jedenfalls angemerkt werden, dass entsprechende Nachttemperaturabsenkungen vorausgesetzt wurden.

Mikroklimatische Außentemperaturabsenkungen schlagen sich in Ihrer Größenordnung direkt in einer Reduktion der Innenraumtemperaturen nieder und bewirken eine ähnliche Temperaturabsenkung wie Verschattungsmaßnahmen. In Kombination können diese beiden Maßnahmen (Außentemperaturabsenkung und Verschattung) im Jahr 2050 ebenfalls eine sommerliche Überwärmung des Südbüros vermeiden.

6. Ausarbeitung von Maßnahmen zur Verbesserung des Mikroklimas

Auf Basis der unter Pkt. 5 genannten Variantenstudie konnte aufgezeigt werden, dass die mikroklimatische Temperaturabsenkung durch Begrünungsmaßnahmen Voraussetzung zur Anwendung passiver Kühlstrategien ist. Vor allem das Potenzial der Nachtlüftung kann nur durch hohe Luftwechselraten und damit einer ausreichenden Nachttemperaturabsenkung gehoben werden. Dies wird in Zukunft vor allem im städtischen Bereich nur durch Maßnahmen zur Verbesserung des Mikroklimas wie Bepflanzung, Regenwassernutzung, etc. möglich sein, wohingegen Versiegelungen durch Ihre Wärmeabstrahlung kontraproduktiv wirken.

7. Schlussfolgerungen und Ausblick

Anhand der Wetterdatenaufzeichnungen konnte aufgezeigt werden, dass die Stadt Krems bereits jetzt von der Problematik urbaner Hitzeinseln betroffen ist. Sollten keine Maßnahmen zur Kühlung getroffen werden, so ist davon auszugehen, dass im Jahr 2050 ein Großteil der bestehenden historischen Gebäude von einer signifikanten sommerlichen Überwärmung betroffen ist.

---

5 Vereinfachung Kastenfenster: 2-Scheiben Verglasung Klarglas 6-180-6, Ug=2,91 W/m²K, g=0,72.

Studentische Überlegungen zu den Plätzen

Abb. 8:
StudentInnenarbeit Vorschlag zur multifunktionalen Raumnutzung und Begrünung.

Abb. 9:
StudentInnenarbeit Vorschlag zur Donauwelle am Pfarrplatz (SR+ÖGGM).

Abb. 10:
Neukonzept Funktions- und Raumprogramm Körnermarkt (SR+ÖGGM).

Abb. 11-13: StudentInnen-idee „Green-restshelter" Frager (SR+ÖGGM).

Gleichzeitig konnte aber auch das enorme Kühlpotenzial durch Grünräumen zur Reduzierung mikroklimatischer Problembereiche verdeutlicht werden, wobei die Wirksamkeit stark von der Pflanzenart, der bepflanzten Fläche und dem Regenwassermanagement abhängig ist.

Das Zusammenwirken von Boden (in städtischen Gebieten strukturierte Erden), Regenwasser und Pflanzen als wirksame Klimakühlelemente mit unterschiedlichen Reichweiten sind wie eine vernetzte Infrastruktur zu verstehen, um ihre Wirkung entfalten zu können. Erst kombinierte Begrünungen, vernetzte Grünräume können weiter reichende Kühlungen erzielen:

- Bei Adaptierungen der Stadtplätze kann eine Kühlung durch eine Kombination von Maßnahmen, wie eine möglichst weitreichende Beschattung durch Begrünung und Rückhalt sowie Verdunstung von Regenwasser erreicht werden.
- Mit Hilfe von Projektarbeiten durch StudentInnen des Lehrgangs „Ökologisches Garten- und Grünraummanagement" wurden derartige wirksame Maßnahmen an beispielhaften Altstadtplätzen in der Kremser Innenstadt ausgearbeitet.
- Da sich Temperaturabsenkungen im Außenraum direkt auf die Innenraumtemperatur angrenzender Gebäude niederschlagen, sollten großflächige und zusammenhängende Begrünungsmaßnahmen im Stadtraum von Krems vermehrt umgesetzt werden.

Gleichzeitig haben vereinfachte thermische Gebäudesimulationen allerdings auch aufgezeigt, dass die sommerliche Überwärmung von Räumen nur mit einer Kombination mehrerer Maßnahmen hintangehalten werden kann.

Ein besonders hohes Potenzial zur Kühllastreduktion bietet die natürliche Nachtlüftung. Gerade bei der Umsetzung von Nachtlüftungskonzepten muss jedoch immer auf eine ausreichende Nachttemperaturabsenkung sowie genügend Speichermassen geachtet werden, womit Begrünungs- und Verschattungsmaßnahmen auch hier eine sinnvolle und wichtige Ergänzung darstellen. ◆

Literaturverzeichnis

[1] vgl. z.B. laufendes FFG Forschungsprojekt CoolAIR: prädiktiv geregelte passive Gebäudekühlung mittels natürlicher Nachtlüftung und tageslichtoptimierter Verschattung. Online verfügbar unter: https://projekte.ffg.at/projekt/2808506

[2] Initiative der Hagelversicherung: https://www.bodenlos-arbeitslos.at/

[3] „Problematik Klimawandel "Wald- und Wassermanagement als Chance !, aus: Vortrag mit Prof. Dr. Wilhelm Ripl (i.R.). 15.-16. November 2014. Zell am Harmersbach/Unterentersbach

[4] Forschungsgutachten „Resiliente Stadt-Zukunftsstadt", Miriam Fekkak, Dr. Mark Fleischhauer, Prof. Dr.-Ing. Stefan Greiving, Rainer Lucas, Jennifer Schinkel, PD Dr. Uta von Winterfeld. Im Auftrag des Ministeriums für Bauen,Wohnen, Stadtentwicklung und Verkehr des Landes Nordrhein-Westfalen (MBWSV), November 2016

[5] Kegler, Harald (2014): Resilienz. Strategien & Perspektiven für die widerstandsfähige und lernende Stadt.

[6] Basel: Birkhäuser/Gütersloh, Berlin: Bauverlag

[7] EU Paper: Cities of Tomorrow (2011). Challenges, visions, ways forward

[8] M.Norman, M.C.Anderson (2005) SOIL–PLANT–ATMOSPHERE CONTI-NUUM. In: Encyclopedia of Soils in the Environment, 2005, Pages 513-521

[9] Bartesaghi Koc, C., et al. (2018). Evaluating the cooling effects of green infrastructure: A systematic review of methods, indicators and data sources. In: https://www.researchgate.net/publication/324314761_Evaluating_the_cooling_effects_of_green_infrastructure_A_systematic_review_of_methods_indicators_and_data_sources

[10] BMNT: Endbericht ÖKS 15: Klimaszenarien für Österreich. Daten – Methoden – Klimaanalyse sowie Factsheet für Niederösterreich. 2018

Intelligente Vernetzung von Gebäuden

Wolfgang Stumpf
Department für Bauen und Umwelt, Donau-Universität Krems

Die Europäische Union verfolgt das Ziel der Dekarbonisierung des Gebäude-sektors bis zum Jahr 2050. Der Energiestandard von Neubauten ist bereits auf einem sehr guten Niveau. Die energetische Bestandssanierung ist komplexer und schwieriger. In den nächsten Jahren werden fossile Energieträger aus Neu- und Altbauten verbannt. Die Nutzung von lokalen erneuerbaren Ener-gieressourcen wird damit wesentlich an Bedeutung gewinnen. Die zeitlichen Differenzen zwischen Generierung und Bedarf von Energie aus Sonne und Wind stellen für Einzelgebäude ein Problem dar. Die Vernetzung von Gebäuden mit unterschiedlichen Wärmelastprofilen kann die Lösung liefern. Ein Anergienetz bietet dazu die technischen Voraussetzungen. Bei Betriebstemperaturen zwi-schen etwa 8 bis 22 °C wird zwischen Gebäuden, dezentralen Speichern und Energiezentralen Wärme bidirektional ausgetauscht. Diese Form der vernetzten Wärmeversorgung von Gebäuden eröffnet langfristig die Chance zur Reduktion der CO_2-Emissionen um bis 90 Prozent. Die Umsetzung verlangt technische, soziale, ökonomische und ökologische Intelligenz sowie Bereitschaft und Erfah-rung in interdisziplinärer Zusammenarbeit.

Intelligent Connection of Buildings
The European Union is pursuing the goal of decarbonizing the building sector by 2050. The energy standard of new buildings has already reached a very good level. The energetic refurbishment is more complex and difficult. In the next few years, fossil energy will be banned from new and existing buildings. The importance of using local renewable energy resources will therefore beco-me significantly more important. The temporal differences between generation and demand of energy from sun and wind pose a problem for single buildings. Connecting buildings with different thermal load profiles can provide a solu-tion. An anergy grid offers the technical prerequisites for this. At operating temperatures between approx. 8 to 22 °C, heat is exchanged bidirectionally between buildings, decentral heat storage systems and energy centers. This method of connected heat supply for buildings provides long-term opportuni-ties for the reduction of CO_2-emission by up to 90 percent. The implementation requires technical, social, economic and ecological intelligence as well as wil-lingness and experience in interdisciplinary cooperation.

1. Dekarbonisierung des Gebäudesektors

Um die **Klimaziele** bis zum Jahr 2050 zu erreichen, muss die Emission von Treibhausgasen drastisch reduziert werden. Für den Gebäudesektor bedeutet dies die weitest gehende Verbannung von fossilen Energieträgern wie Erdöl und Erdgas und die Nutzung von Strom aus erneuerbarer Energie. [1]

Neubauten weisen bereits einen sehr niedrigen Energiebedarf und hohe Energieeffizienz auf. Bei Bestandsgebäuden ist die Reduktion der Energieverluste durch die Gebäudehülle nicht immer einfach und rasch umzusetzen. Hier liegt der Fokus auf der Erhöhung der Energieeffizienz durch Installation moderner Gebäudetechnik sowie Bereitstellung und Nutzung **erneuerbarer Energie vor Ort**. Das heißt, bei allen Gebäudetypen ist die Ausstattung bzw. Nachrüstung mit Technologien zur Erzeugung und möglichst gleichzeitigen Verwendung von erneuerbarer Energie aus Photovoltaik-Anlagen, Windgeneratoren, Kraft-Wärme-Kopplung, Solarthermie, Geothermie und Abwärme ein wichtiger Beitrag zum Klimaschutz.

Durch die zeitlichen Unterschiede zwischen Bereitstellung und Bedarf von lokal erzeugter Energie im einzelnen Gebäude ist jedoch der Eigennutzungsanteil nicht besonders hoch. Bei **Vernetzung** von mehreren Gebäuden unterschiedlicher Energieprofile erhöht sich dieser Anteil deutlich. Dabei werden die Spitzen in den übergeordneten Versorgungsnetzen reduziert bzw. verschoben („peak shaving", „load shifting") und die Energiekosten im lokalen Energieverbund sinken.

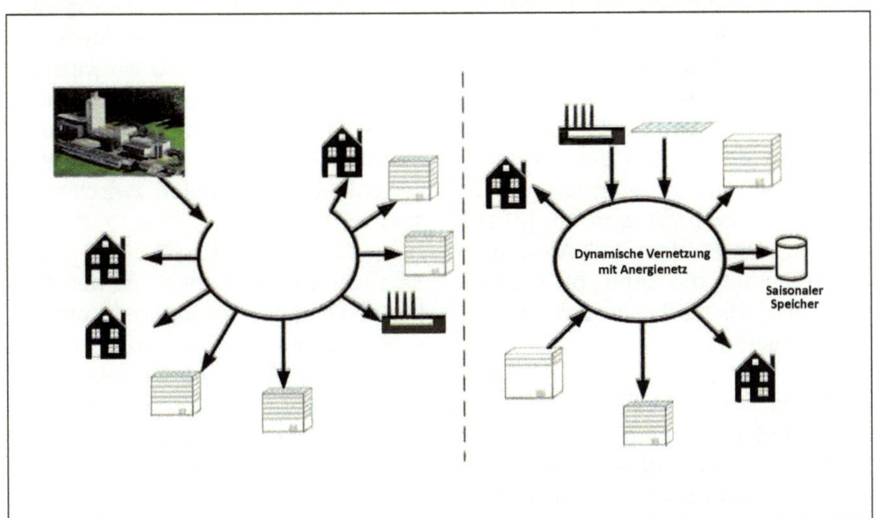

Abb. 1: *Fernwärmenetz (links) im Vergleich zum Anergienetz. [3]*

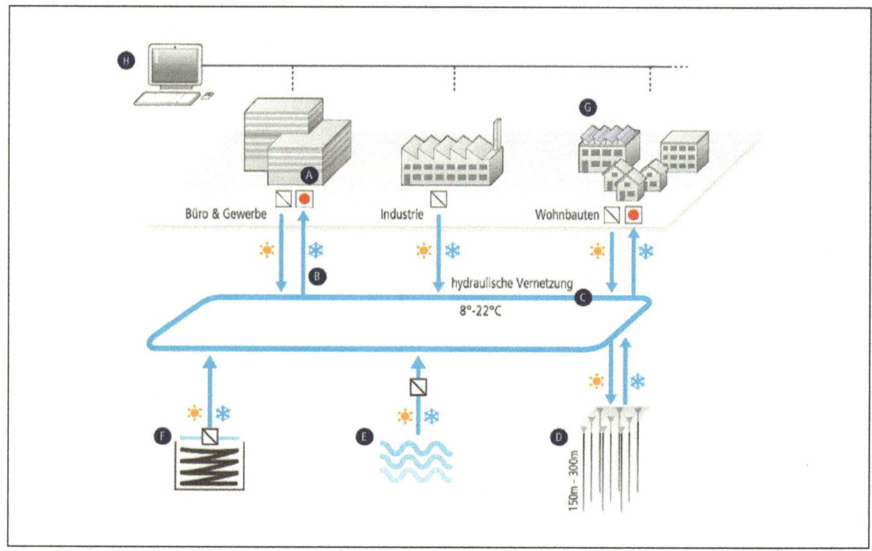

Abb. 2: *Die Bestandteile eines Anergienetzes. [3]*

2. Gebäude im Energieverbund

Die vorhandenen **Stromnetze** versorgen nicht nur Gebäude mit Strom, sondern nehmen auch Überschüsse aus lokal erzeugtem Strom auf. Bis zum Jahr 2030 soll in Österreich gemäß dem Nationalen Energie- und Klimaplan der (NEKP) der Strom zu 100 Prozent aus erneuerbaren Energiequellen generiert werden. [2] Dazu wird der Photovoltaik-Ausbau in Österreich um das Zehn- bis Dreißigfache des Gesamtbestandes im Jahr 2018 steigen.

An Tagen mit starkem Sonnenschein oder Windaufkommen und gleichzeitig geringer Eigennutzung von Strom aus gebäudebezogenen Photovoltaik- und Windgeneratoren belastet die Überschuss-Einspeisung das Netz besonders stark. Darüber hinaus tragen die niedrigen Einspeisetarife nicht zur raschen Amortisation von PV-Anlagen bei. Abhilfe bieten die Energiemanagement-Methoden wie load-shifting und peak-shaving. Dazu wird der nicht sofort nutzbare PV-Strom über einige Stunden bis mehrere Tage in Batterien, elektrisch beheizten Wassertanks oder Bauteilen zwischengespeichert.

Eine weitere Möglichkeit ist der Austausch von lokal erzeugtem Strom aus erneuerbarer Energie zwischen Gebäuden. Dies ist technisch relativ einfach möglich und wird sich nach der Adaptierung der rechtlichen Rahmenbedingungen rasch bewähren.

Die **Fernwärmeversorgung** von Gebäudegruppen bis hin zu ganzen Städten ist in Österreich gut ausgebaut. In einem gedämmten, meist viele Kilometer langen Zweileitersystem zirkuliert ganzjährig hochtemperiertes Wasser. An Übergabestationen wird über Wärmetauscher Energie für Raumheizung und zur Warmwasserbereitung in die Gebäude eingeleitet. Der technische Aufwand für die NutzerInnen ist sehr gering. Bei der Mehrzahl von Fernwärmenetzen wird die Wärme aus erneuerbarer Energie gewonnen. Relativ neu ist die Versorgung von ganzen Stadtteilen mit **Fernkälte**. Das mit etwa 7 bis 17°C zirkulierende Wasser wird meist mit Absorptionskältemaschinen gekühlt, wobei man die Abwärme aus der Müllverbrennung nutzt. Hocheffiziente Kompressionskältemaschinen decken Spitzenlasten, im Winter genügt die freie Kühlung über fließende Gewässer. Nicht zuletzt aufgrund des hohen Anteils an erneuerbarer Energie wird diese mit geringem technischen Aufwand verbundene und wartungsarme Methode der Kälteversorgung von Gebäuden und Betrieben stark ausgebaut.

Ein Wärmeaustausch zwischen Gebäuden ist bei Fernwärme- und Fernkältenetzen nicht möglich. Das heißt, die Wärme fließt nur direkt vom Erzeuger zum Verbraucher. Anfallende Wärme- und Kälteüberschüsse aus einzelnen Gebäuden verpuffen meist ungenutzt.

3. Vom Fernwärme- zum Anergienetz

Der gebäudeübergreifende Ausgleich von Wärmelasten bietet bei entsprechendem Nutzermix ein großes Po-

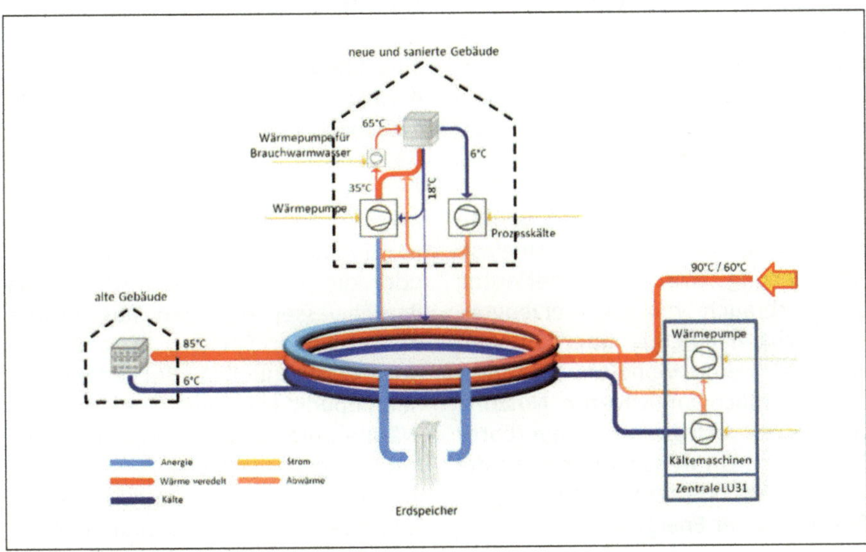

Abb. 3: *Der Umbau eines Fernwärmenetzes zum Anergienetz verläuft sukzessive über einen langen Zeitraum. [3]*

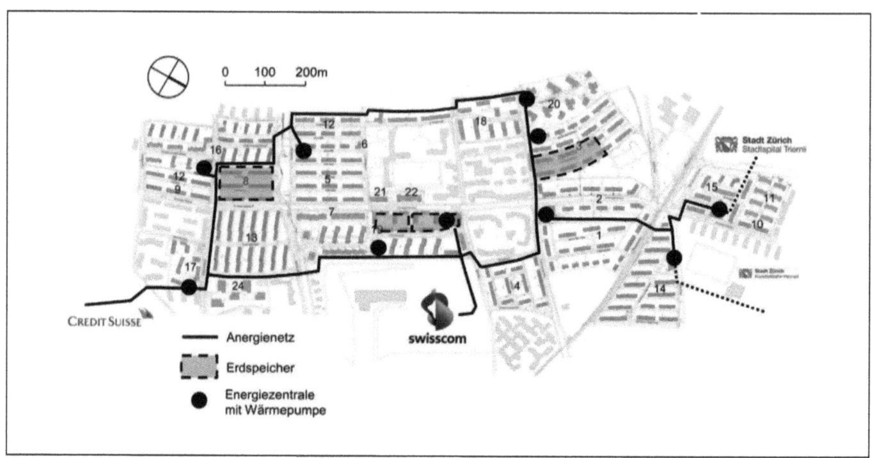

Abb. 4: *Das Anergienetz des Quartierszentrum Familienheim-Genossenschaft Zürich im Endausbau 2030. [3]*

tenzial in der Verwertung von bislang ungenutzter thermischer Energie. So wird zum Beispiel die tagsüber Bürogebäuden entzogene Wärme zur Beheizung von Wohngebäuden verwendet. Die Vernetzung unterschiedlicher Wärmequellen und -senken innerhalb eines kleinen Stadtteils, die Ausnutzung der Energieflexibilität von Gebäuden, die Aktivierung von Speichermassen in, unter und neben Bauten bieten Möglichkeiten zur Wärmelastverschiebung zwischen Generierung und Verbrauch von lokal erzeugter, erneuerbarer Energie über Stunden bis zu mehreren Monaten. Dies trägt zur wesentlich intensiveren Nutzung von vor Ort verfügbarer erneuerbarer Energie bei. Ein weiterer Vorteil ist die vom Großhandelspreis unabhängige Gestaltung der Energiekosten.

Ein **Anergienetz** kann all diese Ansprüche erfüllen (Abb. 2). Dieses Wärmenetz im Zweileitersystem verbindet Wärmequellen und Wärmesenken bei über das Jahr schwankenden Betriebstemperaturen von etwa 8 bis 22°C. Trotz nicht gedämmter Rohre sind die Verteilverluste aufgrund der geringen Temperaturunterschiede zwischen Fluid und Erde sehr gering. Das Wasser in den Leitungen zirkuliert nur, wenn ein Wärmetransport an andere Punkte im Netz notwendig ist. Erdsonden-Felder, Grundwasser oder die Wärmerückgewinnung aus Brauchwasser ergänzen das System als saisonaler Speicher bzw. zusätzliche Wärmequellen. Bei jedem Entnahmepunkt kann auch überschüssige Wärme unterschiedlichen Niveaus ins Netz eingespeist werden. Das heißt, im Gegensatz zum Fernwärmenetz sind die Energieflüsse bidirektional. Das Anergienetz versorgt Gebäude und Betriebe mit Wärme und Kälte auf Niedertemperaturebene. Die Einstellung der gewünschten Betriebstemperatur im Sekundärkreislauf erfolgt im Gebäude mit dezentraler Technik. Dabei kommt bevorzugt eine mit lokal erzeugtem Photovoltaik-Strom betriebene Wärmepumpe zum Einsatz. Das Anergienetz dient dabei als Primärenergiequelle. Strom aus erneuerbarer Energie treibt den Kompressor an und pumpt die Wärme im Einzelgebäude auf das Heiz- oder Kühlniveau der Sekundärseite. Zumindest im Frühsommer oder bei optimalem Nutzermix im Netz kann das Anergienetz über Wärmetauscher zum direkten Kühlen genutzt werden. Im Vergleich zum Fernwärmenetz ist bei Anergienetzen der technische Aufwand im Gebäude sehr hoch. Das Netz selbst benötigt im Grunde nur Strom für Regelung und Pumpen.

Anergienetze kommen in neuen Stadterweiterungsgebieten oder auch bei der Verbindung von bestehenden Gebäudegruppen zum Einsatz. Fernwärmenetze können langfristig auf Niedertemperatur umgestellt werden (Abb. 3). Dazu werden parallel zum Fernwärmeverbund Leitungen für das Anergienetz verlegt. Bei jedem Mieter- oder Besitzerwechsel von Gebäuden, jeder Adaptierung des Wärmesystems von Betrieben oder jeder Errichtung von Neubauten wird der Netzanschluss vom Fernwärme- auf das Anergienetz gewechselt und das Einzelgebäude mit entsprechender dezentraler Wärme- und Kälteversorgung, Wärmetauschern, Photovoltaik-Anlagen etc. nachgerüstet. Der Fokus soll dabei auf den Energieaustausch zwischen Gebäuden und die maximale Verwendung lokal erzeugter erneuerbarer Energie gerichtet bleiben.

4. Schritte zum klimaschonenden Energiesystem

Ein **Fallbeispiel** für die Umsetzung eines Anergienetzes ist das Quartierszentrum der Familienheim-Genossen-

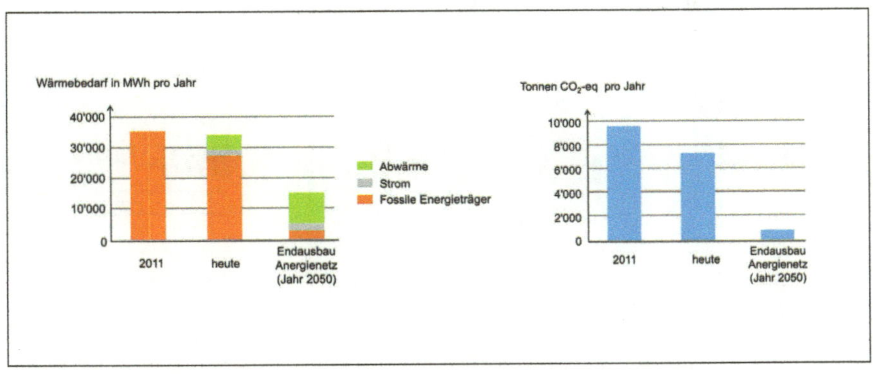

Abb. 5: *Zusammensetzung des Wärmeenergiebedarfs im Anergienetz der Familienheim-Genossenschaft Zürich nach Energieträgern (links) und der Zeitplan zur CO$_2$-Reduktion um mehr als 90 Prozent bis zum Jahr 2050. [3]*

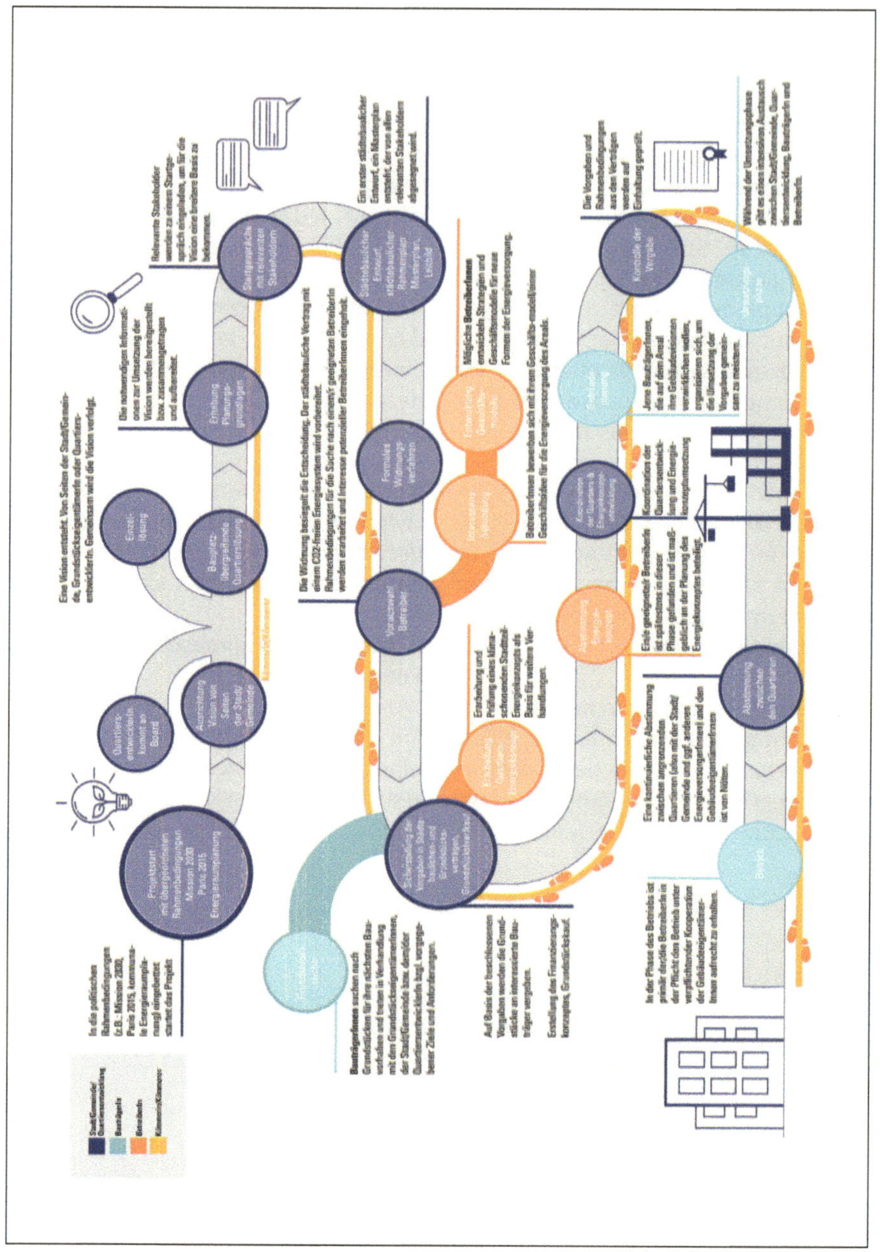

Abb. 6: Schritt für Schritt zur Umsetzung eines klimaschonenden Energiesystems. [4]

schaft Zürich (Abb. 4) in der Schweiz. Ein bestehendes Fernwärmenetz mit zentraler Wärmeversorgung wird bis zum Jahr 2050 in ein Niedertemperaturnetz mit dezentraler Wärme- und Kälteversorgung um- und ausgebaut. Neben der Vernetzung von Wohngebäuden sorgen ein Serverzentrum der swisscom, die Kunsteisbahn Heuried, sowie mehrere Energiezentralen mit Wärmepumpe und Erdspeicher für einen Ausgleich des Wärme- und Kältebedarfs im Netz.

Die Gebäude werden vor allem bei Mieter- oder Besitzerwechsel thermisch saniert und mit Wärmepumpen und Photovoltaik-Anlagen ausgestattet. Der schrittweise Verzicht von fossilen Energieträgern begann bereits im Jahr 2011. Bis 2050 wird im Quartier durch diese Vernetzung eine Reduktion der $CO_{2,equ}$ Emissionen um mehr als 90 Prozent angestrebt (Abb. 5).

„Eine gut durchdachte Vernetzung einzelner Gebäude zu einem Quartier ist ein Erfolgsfaktor für eine lebenswerte, nachhaltige Stadt bzw. Gemeinde." [4]

Die Vision eines CO_2-freien Quartiers, der optimalen Nutzung erneuerbarer Energie wird zumeist von der Stadt bzw. Gemeinde vorgegeben. Die zuständige Institution für die Quartiersentwicklung bricht die Vision in Ziele und Anforderungen herunter und kümmert sich um Struktur und Umsetzung dieser. Bei der Vernetzung von unterschiedlichen Eigeninteressen braucht es eine/n Kümmerer/Kümmerin, der/die das Gesamtinteresse im

Fokus seiner Verantwortung hat. So sind zum Beispiel die einzelnen BauträgerInnen für die Umsetzung der Vorgaben, wenn sie im betreffenden Quartier ihre Gebäude errichten wollen, zuständig. Schlussendlich benötigt es eine/n langfristige/n BetreiberIn, der/die das Thema auch in seinem/ihrem Interesse proaktiv am Leben hält und weiterentwickelt (Abb. 6). [4]

5. Anergienetz sucht…

Zur lokalen energetischen Vernetzung von Gebäuden bedarf es mehr als der Schaffung der technischen Voraussetzungen. Die Verantwortlichkeiten, die Rollen der Stakeholder, die Herangehensweise in der Planung, Umsetzung, im Betrieb und die Weiternutzung verlangen nach der bewussten Beschreitung eines gemeinsamen Weges und Begleitung des gesamten Prozesses durch eine Kümmerin/einen Kümmerer, welche/r den Kommunikations- und Organisationsmittelpunkt zwischen allen Stakeholdern darstellt, die konkrete Projektidee vorantreibt und sich dafür verantwortlich zeichnet.

Vernetzte Quartiere bieten eine langfristige und wesentliche Chance zur Dekarbonisierung der Energieversorgung von Gebäuden. Um diese Möglichkeit zu nutzen bedarf es **technischer, sozialer, ökonomischer und ökologischer Intelligenz** und Bereitschaft wie Erfahrung in interdisziplinärer Zusammenarbeit.

Die Praxisleitfäden „Chancen & Nutzen lokaler, erneuerbarer Energienetze"

[5] und „Schritt für Schritt zum gebäudeübergreifenden Energiesystem aus lokal erzeugten, erneuerbaren Energieträgern" [4] geben einen Einblick, Inspiration und Orientierung für die erfolgreiche Konzeption, Umsetzung und den langfristig klimaschonenden Betrieb von vernetzten Gebäudeenergiesystemen. ◆

Literaturverzeichnis

[1] Paris Agreement, Article 4.1.
COP21 Paris UN Climate Change Conference, United Nations, Paris, 2015

[2] Integrierter nationaler Energie-
und Klimaplan für Österreich, Periode
2021 – 2030, Konsultationsentwurf,
Bundesministerium für Nachhaltigkeit
und Tourismus, Wien, 4. November
2019

[3] Gautschi, Thomas: Anergienetze
in Betrieb. Amstein+Walthert, Zürich,
29.01.2016

[4] Grim-Schlink, Margot et al: Schritt
für Schritt zum gebäudeübergreifenden Energiesystem aus lokal erzeugten, erneuerbaren Energieträgern
– Praxisleitfaden für Städte, Gemein-
den, Stadtentwicklung, BauträgerInnen und EnergieversorgerInnen. IG
Lebenszyklus Bau (Hg.), Wien 2019

[5] Grim, Margot; Hofer, Gerhard et
al: Nutzen & Chancen von gebäudeübergreifenden Energiesystemen aus
lokal erzeugten, erneuerbaren Energieträgern – Praxisleitfaden für Stadt-
entwickler, Bauträger und Energie-
versorger. IG Lebenszyklus Bau (Hg.),
Wien 2018

Kastenfenster 2.0 – Intelligente Fenster zur passiven Kühlung von Gebäuden

Daniela Trauninger, Wolfgang Stumpf, Markus Winkler
Department für Bauen und Umwelt, Donau-Universität Krems
Albert Treytl, Aleksey Bratukhin
Department für Integrierte Sensorsysteme, Donau-Universität Krems

Aufgrund steigender Temperaturen benötigen inzwischen auch historische Gebäude oft energieintensive Kühlmaßnahmen, um den thermischen Komfort in den Sommermonaten aufrechtzuerhalten. Im Hinblick auf die weltweit zu erreichenden Klimaziele, ist es jedoch unerlässlich, energieeffiziente(re) Kühlstrategien zu finden. Natürliche Nachtlüftung und tageslichtoptimierte Verschattung sind potenzielle Ansätze für solch eine effiziente und wirtschaftliche Kühlung von Gebäuden. Ihr volles Potenzial ist jedoch i.A. auf Grund mangelnder Regelstrategien und geringem Automatisierungsgrad nicht oder nur teilweise ausgeschöpft. Dieser Artikel gibt einen Überblick über die Zwischenergebnisse des Projekts CoolAIR, das auf die Entwicklung automatisierter, raumzentrierter, selbstlernender Regelungsalgorithmen abzielt, mit denen eine Alternative zu herkömmlichen aktiven Kühltechniken gefunden werden kann. Insbesondere im Kontext historischer Gebäude können Kastenfenster vorteilhaft zur Nachtlüftung eingesetzt werden. Die präsentierten Projektergebnisse belegen, dass die Regelstrategie einen großen Einfluss auf das Kühlpotenzial sowie auf die Bedienbarkeit und den thermischen Komfort hat. Der Beitrag präsentiert Messergebnisse mit sensorgestützter Steuerung aber auch erste Ergebnisse einer modellprädiktiven Regelstrategie unter Verwendung neuronaler Netze und Luftströmungsprädiktoren.

Intelligent Windows for Passive Cooling
Due to increasing temperatures even historic buildings nowadays require cooling systems to maintain thermal comfort during summertime. With respect to climate goals it's necessary to find alternatives to such systems with higher energy efficiency. Natural night ventilation combined with daylight-optimized shadowing are high potential and energy efficient approaches. Yet, their full potential often cannot be acquired due to lacking control and automation. This contribution evaluates midterm results of the project CoolAIR, which aims at the development of an automated, room-centric, self-learning control algorithm that can assess the full cooling capabilities and therefore establish an energy efficient alternative to conventional cooling systems. In particular within historic buildings box windows can be used for cooling using night ventilation. The paper presents measurements from the developed sensor-based and a model predictive control strategy using neural networks and air flow predictors.

1. Einleitung

Während in der Vergangenheit eine Überhitzung von Räumen nur für begrenzte Hitzeperioden vornehmlich im Sommer relevant war, tritt das Problem heutzutage zunehmend bereits während der Übergangszeiten und über längere Zeiträume auf. [2] Infolgedessen steigt auch der Bedarf an Lüftungs- und Klimaanlagen und einhergehend der Energieverbrauch von Gebäuden. Passive Maßnahmen wie natürliche Nachtlüftung und tageslichtoptimierte Verschattung sind potenzielle alternative Ansätze für eine effizientere und wirtschaftliche Kühlung von Gebäuden. [1] [3] [6]

Soll die Gebäudekühlung ausschließlich durch Fensterlüftung realisiert werden, ergeben sich jedoch Schwierigkeiten bei der Planung und im Betrieb: In der Planungsphase werden Parameter wie Auftriebskräfte oder Querlüftung in einfachen Berechnungsrichtlinien vernachlässigt oder erfordern komplexe individuelle Gebäudesimulationen. Im Betrieb können Standardsteuerstrategien wie zeit- oder temperaturbasierte Steuerung entweder nicht das volle Potenzial ausschöpfen oder verletzen grundlegende Komfortniveaus. Innovative Ansätze wie prädiktive Regelstrategien (predictive control), die auch Wettervorhersagen beinhalten, verbessern zwar die Effizienz, erfordern jedoch komplexe, zentrale Gebäudeautomationssysteme (BACS) und Netzwerke, die Sensoren und Aktoren verbinden. [4] [5] Begrenzte Skalierbarkeit,

hoher Engineering-Aufwand und komplexe Konfiguration sind diesen Lösungen immanent. Das Projekt CoolAIR verfolgt hingegen einen Plug & Play-Ansatz, der mittels sich autonom konfigurierender, modellbasierter prädiktiver kombinierter Steuerung der natürlichen Nachtlüftung und tageslichtoptimierten Verschattung den Engineering- und Installationsaufwand stark reduziert. Baulich werden nur vorhandene Belüftungs-öffnungen wie Fenster, Rauchabzüge, Türschlitze oder Luftkanäle verwendet.

Die Neuheit dieses Ansatzes ist ein raumzentriertes Design, das auf einem sich selbst anpassenden modellbasierten Algorithmus für eine prädiktive Steuerung basiert. Durch das Einbeziehen von Lernalgorithmen aus dem Bereich Künstlicher Intelligenz passt sich das Modell automatisch an die spezifischen Bedingungen des Raums wie unterschiedliche Raumgeometrien, lokal auftretende Wärmeinseleffekte oder unterschiedliche thermische Eigenschaften der Gebäudezone an. Aufgrund der prädiktiven modellbasierten Einzelraumsteuerung ist weiters nur ein Minimum lokaler Sensoren ohne Anbindung an ein zentrales Gebäudeautomationsnetzwerk erforderlich und damit eine äußerst skalierbare, ressourcenschonende Lösung gegeben.

2. Steueralgorithmus

Das Entwicklungsziel der CoolAIR-Steuerungsarchitektur ist ein konfigurationsfreies Setup und ein stark reduzierter Installationsaufwand. Daher wird ein raumzentrierter Plug & Play-Ansatz verfolgt, der weder ein zentrales Gebäudeautomationssystem (BACS) noch andere zentrale Dienste erfordert und gleichzeitig mit einem Minimum an Sensoren auskommt. Für Altbauten oder denkmalgeschützte Gebäude ist dies eine wesentliche Voraussetzung, um eine wirtschaftlich realisierbare Nachrüstung zu ermöglichen. Ein solcher raumzentrierter Ansatz ermöglicht aber auch bei Neubauten hohe Flexibilität und Skalierbarkeit.

Um den bestmöglichen Algorithmus auszuwählen und zu bewerten wurden dazu drei Arten von Steuerungsalgorithmen untersucht, die in den folgenden Unterabschnitten beschrieben sind. Erste Zwischenergebnisse der Bewertung sind in Abschnitt 4 dargestellt.

2.1. Zeitbasierte Steuerung

Diese Steuerungsart ist die einfachste Form, die in der Gebäudeautomation angewendet wird. Abhängig von der Vorhersagbarkeit der Einflussgrößen kann dieses Regelungsschema jedoch sehr effizient sein. Nicht so für ventilative Kühlung, da deren Wirkungsgrad stark vom aktuellen und historischen Außentemperaturverlauf und der daraus resultierenden Aufladung und Abkühlung der thermischen Massen abhängt und zeitlich kaum vorhersehbar ist. Auch eine manuell gesteuerte Lüftung scheint nur auf den ersten Blick zeitabhängig. Es fließt

jedoch selbst dabei ein menschliches Temperaturempfinden (Messung) am Abend und Erfahrungswerte zum erwarteten Temperaturverlauf (Modelle, Historie) ein.

Obwohl eine direkte zeitbasierte Steuerung aufgrund ihrer Inflexibilität und Ineffizienz nicht zweckmäßig ist, wird sie in CoolAIR zum direkten Vergleich mit anderen Steuerungsstrategien verwendet. Mit Fokus auf Bürogebäude unterteilen wir den Tag dafür in eine „Tageszeit", in der NutzerInnen anwesend sind, und eine „Nachtzeit", in der diese i. A. nicht anwesend sind. Dies geschieht zum einen, um die Komplexität einer Präsenzdetektion zu vermeiden und zum anderen, um die Privatsphäre der NutzerInnen zu schützen.

In der Praxis können durch diese Trennung unterschiedliche Steuerungsstrategien verfolgt werden. Insbesondere für die modellprädiktive Steuerung ist diese Unterteilung als Vorhersagehorizont erforderlich. Der wichtigste Unterschied für unsere Implementierung besteht darin, dass wir in der Nacht kein bestimmtes Komfortniveau festlegen (müssen) und die Steuerung für die Entladung der thermischen Massen optimieren können. Während des Tages ist ein Erhalt des Benutzerkomforts das vorrangige Ziel. Dabei möchten wir jedoch anmerken, dass die NutzerInnen durch manuelle Eingabe die Systemfunktion jederzeit aufheben können, um ihr gewünschtes (subjektives) Komfortniveau herzustellen.

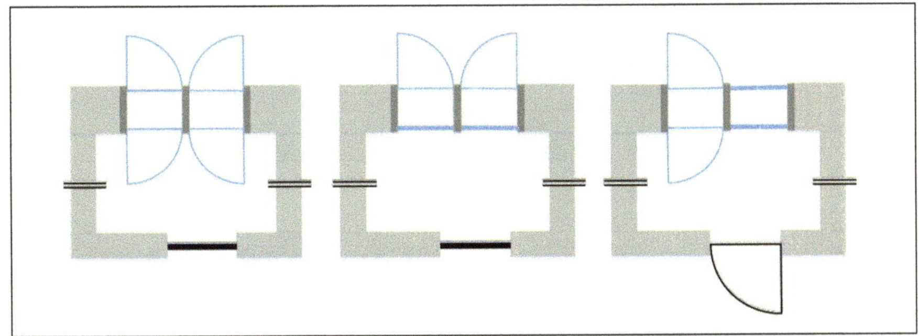

Abb. 1: *Lüftungsschemata für einseitige Nachtlüftung (links), Kühlung des Kastenfenster-innenraumes zur Effizienzsteigerung von Innenjalousien (Mitte) und Querlüftung (rechts).*

Für das untersuchte System wurde die Nachtzeit zwischen 19.00 und 6.30 Uhr festgelegt, da in dieser Zeit in Bürogebäuden NutzerInnen i.A. nicht anwesend sind. Dieser Zeitrahmen deckt sich auch mit üblichen Regelungen zu flexiblen Arbeitszeiten und anderen gesetzlichen Regelungen.

2.2. Reaktive sensorgestützte Steuerung

Dieses Steuerungsschema aktiviert verschiedene Lüftungsöffnungen gemäß den aktuellen Sensorwerten. In Abb. 1 sind verschiedene Lüftungsszenarien für Nachtlüftung, Quer- und Kernlüftung dargestellt. Kastenfenster bieten dabei die Möglichkeit, verschiedene Fensterabschnitte zu öffnen, die genutzt werden, um unterschiedliche Luftvolumenströme zu ermöglichen. Die separate Öffnung der Außenflügel kann zudem auch zur Effizienzsteigerung der Zwischenjalousien genutzt werden, indem eine Überhitzung im Fensterzwischenraum verhindert wird und damit der sekundäre Wärmeein-

trag in den Innenraum reduziert wird. Die wichtigsten Sensoreingänge sind die Außentemperatur T_{out}, die Raumtemperatur T_R, der solare Eintrag Q_{solar} und die Luftgeschwindigkeit v_{air}, die ein Maß für die Querbelüftung ist.

Abb. 2 zeigt die angewandte Regelstrategie, die darauf abzielt, einerseits die thermischen Massen nachts vollständig zu entladen und andererseits den Nutzerkomfort tagsüber zu optimieren. Ein wichtiger Parameter des Regelalgorithmus ist die Auswahl des richtigen Sensors für T_R, da diese die Regeleffizienz direkt beeinflusst. Für die Nachtzeit wurde ein Sensor gewählt, der eine Oberflächentemperatur (oder zukünftig einen Mittelwert verschiedener Oberflächentemperaturen) misst, da er den Einfluss der Wärmekapazitäten der Wände am besten abbildet. Im Vergleich dazu bewirkt die Lufttemperatur im Raum ein zu volatiles Regelverhalten, da die Raumluft beim Öffnen von Fenstern zu schnell abkühlt und auch durch aufgeladene thermische Massen schnell wieder erwärmt werden kann.

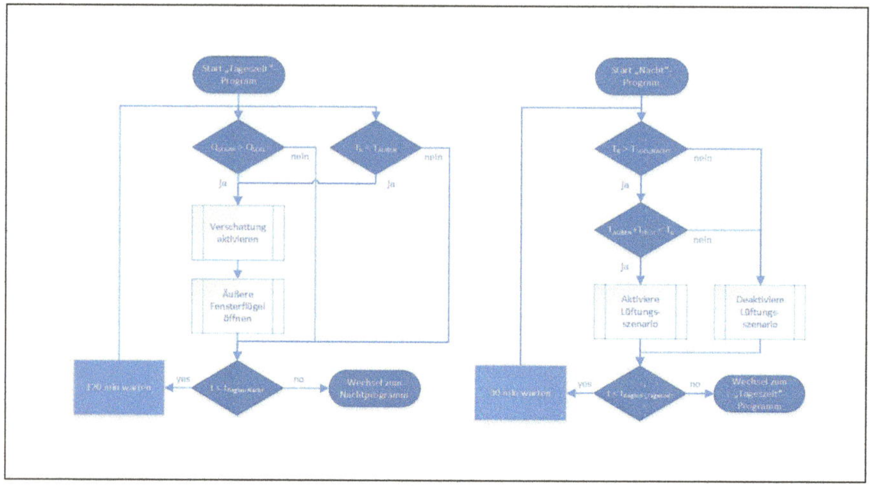

Abb. 2: *Flussdiagramm der reaktiven sensorgestützten Regelung bei Tag (links) und bei Nacht (rechts).*

Aufgrund der Trägheit der thermischen Prozesse, aber auch der Tatsache, dass die meisten Fensterantriebe nicht für den Regelbetrieb ausgelegt sind, wird der oben beschriebene Steuerungsalgorithmus in der Nacht nur alle 30 Minuten ausgeführt. Tagsüber werden 120 Minuten Intervalle verwendet, da sich die NutzerInnen des „Living Labs" durch häufigeres Verfahren der Jalousien und Fensterflügel gestört fühlten. Manche Szenarien beinhalteten sogar nur einen einzigen Schaltbefehl pro „Tageszeit", wobei deren Effizienz dann abnimmt.

Detaillierte Ergebnisse zur Effizienz dieser Regelstrategie werden in Abschnitt 4 präsentiert. Allgemeine Nachteile sind die durch nicht vollständig entladene thermische Massen verursachten Wiedererwärmungseffekte, die bei dieser Regelstrategie nicht berücksichtigt werden. Darüber hinaus kann es bei jeder Neubewertung zu einem oszillierenden Öffnen und Schließen der Fenster kommen, was erhöhten Verschleiß, Lärmbelästigung und Irritationen der NutzerInnen bedingt.

2.3. Proaktive modellbasierte Steuerung

Um die Steuerung weiter zu verbessern, verwendet CoolAir einen bewährten MPC-Ansatz (Modell-Prädiktive Steuerung (Control)) [7] [8], um die Effizienz der passiven Kühlung weiter zu steigern und die Häufigkeit der Aktuatorverwendung zu verringern. Im Mittelpunkt der MPC-Strategie steht die Kombination aus langfristigen Vorhersagen auf Basis der prognostizierten Werte kombiniert mit kurzfristigen Anpassungen der Regelgrößen auf Basis von Sensorwerten während der Laufzeit. Die MPC bildet dazu Vorhersagen über das Systemverhalten bis zum sogenannten Vorhersagehorizont und optimiert über eine Kostenfunktion die Regelwerte über diesen Horizont, um den Zielwert am Vorhersagehorizont optimal zu erreichen. Der Zeitraum bis zum Vorhersagehorizont wird dabei in äquidistante Zeitschritte (in CoolAir eine Stunde) geteilt. Nach jedem Zeitschritt wird die MPC erneut aufgerufen und die Regelwerte über das verkürzte Zeitintervall wiederholt bis zum Vorhersagehorizont berechnet. Auf diese Weise werden nach jedem Zeitschlitz die Regelgrößen an allfällige im vergangenen Zeitschlitz aufgetretene Störungen und Abweichungen angepasst und optimiert.

Im Falle von CoolAIR versucht die MPC, eine minimale Raumtemperatur (T_{min}) zu erreichen, wobei die Komfortgrenzen nur zu Beginn der „Tageszeit" eingehalten werden müssen. Gleichzeitig darf die MPC auch möglichst wenig Steuerbefehle senden, um einen Verschleiß der Antriebe zu vermeiden. Das zugrundeliegende Systemmodell und die Regelstrategie werden in den nächsten zwei Unterabschnitten beschrieben.

Systemmodell

Das Systemmodell wird durch mehrere neuronaler Netze gebildet, die Vorhersagen über den Zustand der Außen- bzw. Raumparameter liefern. Die Aufteilung der neuronalen Netze

hatte das Ziel das Systemverhalten möglichst umfassend nachzubilden gleichzeitig aber auch einfache und damit gut trainierbare Netze zu schaffen und die Komplexität zu verringern. Das Modell besteht aus drei neuronalen Netzwerken, die jeweils stündliche Vorhersagen treffen können:

- Das Umgebung/Außentemperaturnetzwerk (Environment Neural Network, ENN) dient zur Vorhersage der Außentemperatur und des solaren Eintrages auf Grundlage einer sehr begrenzten Anzahl von Außensensoren am Fenster, die die aktuellen lokalen Wetterbedingungen erfassen.
- Die Luftstromvorhersage (Air Flow Prediction, AFP) dient zur Vorhersage des Luftstroms auf Grund von Wind, Auftriebs- und Diffusionseffekten.
- Das Raumspezifische Neuronale Netzwerk (Room Neural Network, RNN) dient zur Vorhersage der Raumtemperatur auf der Grundlage der aktuellen Raumtemperatur, der Außentemperatur, der Luftströmung durch Fenster und Türen und des Zustands der Stellantriebe für Fenster und Türen.

Das wichtigste und komplexeste neuronale Netzwerk ist dabei das RNN, welches auf Basis des Long Short Term Memory (LSTM)-Algorithmus Prognosen für die Raumtemperatur liefert. Dieser Algorithmus berücksichtigt sowohl die aktuellen Sensorwerte als auch deren Werte in den vorherigen Zeitschritten, um ein Muster

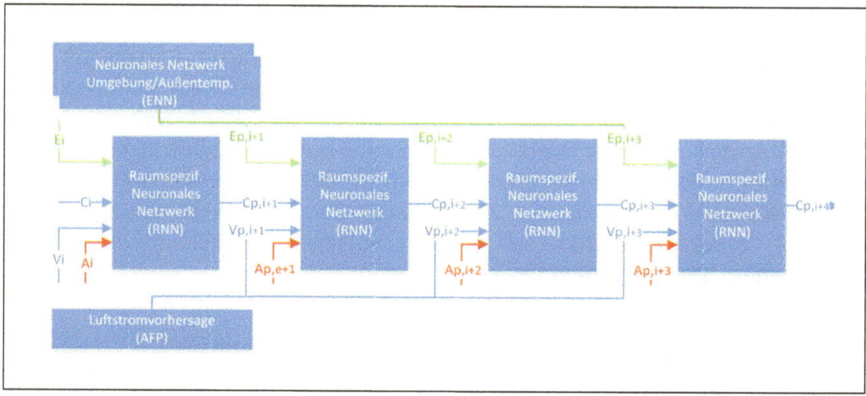

Abb. 3: *Ablaufdiagramm der MPC (Parametersätze für Raumtemperatur (C), Außentemperatur und solarem Eintrag (E), Luftströmungsgeschwindigkeit (V), Zustand von Fenstern und Türen (A).*

über das zukünftige Systemverhalten zu bestimmen. Im Falle von CoolAIR prognostiziert das neuronale Netz die Raumtemperatur in 1 Stunde und basiert seine Prognose auf die Werte der letzten 6 Stunden. D.h. die Prognose wird aus dem aktuellen Wert der Regelgröße C_i und dessen Historie [C_{i-1}… C_{i-6}] gebildet (siehe auch Abb. 3).

MPC-Kontrollstrategie

Die in CoolAir entwickelte Regelstrategie folgt den folgenden Schritten und ist in Abb. 3 für einen 4 stündigen Vorhersagehorizont graphisch dargestellt:

1. Erstellung der Vorhersage: Ausgehend von den tatsächlichen Sensorwerten (linke Seite von Abb. 3) erstellt das RNN eine Vorhersage für die nächste Stunde. Basierend auf diesen Ergebnissen und den Vorhersagevektoren für die Umgebungsparameter (ENN) und Luft-

strömungswerte (APC) sowie den Aktuatorzuständen wird das RNN interativ angewendet, bis der Vorhersagehorizont, d.h. das Ende der „Nacht" erreicht und der endgültige Vorhersagewert der Regelgröße $C_{p,\,i+M=4}$ berechnet ist.

2. Einstellung der Aktuatoren: Die MPC wertet die Prognose der Regelgröße aus und passt den Zustand der Aktuatoren an (Erhöhung der Öffnungszeit von Fenster und Türen), wenn T_{min} nicht erreicht wird, und wiederholt Schritt 1 bis der Sollwert oder die maximale Öffnungszeit erreicht ist. Die Priorität in der Wahl der Aktuatorbefehle liegt dabei auf der minimalen Betätigung von Fenstern und Türen, um Verschleiß und Lärmbelastung zu minimieren. In absteigender Reihenfolge werden folgende Zustände mit abnehmender Kühlleistung verwendet: Zustand 1: Fenster und

Tür offen, Zustand 2: Fenster offen, Tür geschlossen, Zustand 3: Beide geschlossen. Damit kann die Raumtemperatur gegen Ende feiner justiert werden.

3. Verschiebung des Vorhersagehorizonts: Nach Ausführung von Schritt 1 und 2 wartet die Steuerung einen Zeitschritt (1 Stunde bei CoolAIR) und verkleinert den Vorhersagehorizont ebenfalls um einen Schritt (Das Ende der „Nacht" bleibt dadurch konstant.) und startet den Vorgang mit Schritt 1 neu bis die Länge des Vorhersagehorizonts null ist und die MPC stoppt. Dieser Zyklus ermöglicht es, auf Abweichungen in der Vorhersage

und Störungen zu reagieren und die kleinste Abweichung zwischen der endgültigen Raumtemperatur und T_{min} zu Beginn der Tageszeit zu erzielen.

3. „Living Lab"

Im denkmalgeschützten Altbau der Donau-Universität Krems (ehemals Austria Tabak Werke, erbaut 1922) befindet sich ein rd. 22 m² großes Südzimmer in der 2. Etage, das im Rahmen des Projekts CoolAIR als „Living Lab" genutzt wird.

Der Raum ist ein Besprechungsraum, der gelegentlich auch für kurze Büroarbeiten genutzt wird und mit massiven

Abb. 4: *Innenansicht des Kastenfensters an der Südfassade. Die beiden mittleren Flügelpaare bleiben während der Tests geschlossen. Alle anderen (insgesamt acht) Flügel sind mit Kettenantrieben zur automatischen Fensterlüftung nachgerüstet. Jeder Flügel kann synchron oder einzeln über drucksteife Kettenantriebe bewegt werden. Die Verschattung ist im Fensterzwischenraum angebracht.*

Ziegelwänden und Trockenbauwänden sehr heterogene Baumaterialien aufweist. Das zweizeilige Kastenfenster mit einer Architekturöffnung von 2,18 x 2,94 m² hat acht Flügelpaare (innen und außen) mit Einfachverglasung (Abb. 4).

3.1. Raumtechnische Ausstattung und Überwachung

Im Hohlraum zwischen den Kastenfenstern wurden zwei Rollos installiert, die getrennt angetrieben werden können, um Tageslicht und Beschattung zu optimieren. Das Textilgewebe Soltis 92® mit unterschiedlichen Innen- und Außenfarben hat einen g-Wert von 12%, ermöglicht aber trotzdem einen guten Außenraumbezug durch einen hohen Lichttransmissionsgrad.

Die äußersten acht Fensterflügel sind mit modifizierten WindowMaster-Kettenantrieben ausgestattet, deren maximaler Öffnungswinkel 90 Grad beträgt (siehe rechtes Bild in Abb. 4). Durch die getrennte Steuerung der Flügel kann das Potenzial der natürlichen Belüftung an verschiedenen Öffnungspositionen (siehe auch Abb. 1) untersucht werden. [6]

Ein Überwachungssystem wurde entworfen und implementiert, um das Raumklima und Wetterdaten zu erfassen: Luft-, Oberflächen- und operative Temperaturen sowie Luftströmungsgeschwindigkeiten werden an allen Wänden, am und im Fenster und im Raum selbst mit programmierbaren digitalen 1-Wire®-Sensoren gemessen. Mit Hilfe zahlreicher Strömungssensoren kann weiters die Luftgeschwindigkeit im Raum und in den Strömungsquerschnitten am Fenster an verschiedenen Positionen ermittelt werden. Die Außentemperaturen werden jeweils einmal an der Süd- und Nordfassade des Gebäudes gemessen. Um die Verschattung anzusteuern, wird zusätzlich hinter der äußeren Glasscheiben die Beleuchtungsstärke sowie die direkte Sonneneinstrahlung gemessen. Die Aufenthaltszeiten von Personen werden nur indirekt mit einem CO_2-Sensor zur Datenüberprüfung erfasst, jedoch nicht in den Regelalgorithmus miteinbezogen.

Die Messdaten werden in Abständen von weniger als einer Minute per Funk an eine Basisstation übertragen, die die Daten auch in einer externen SQL-Datenbank speichert, um diese zu archivieren und eine tabellarische und grafische Echtzeitanzeige auf einer Website zu ermöglichen bzw. den Raumzustand und die Regelparameter zu überprüfen, zu analysieren und gegebenenfalls zu optimieren. Auf der Basisstation wird auch der Regelalgorithmus ausgeführt und ermöglicht so einen einfachen Tausch und Test von verschiedenen Regel-, Lüftungs- und Beschattungsszenarien.

Um Querlüftung und Kamineffekte im Gebäude zu testen, wurde das Türblatt mit einer Überströmöffnung versehen und ein Treppenhausfenster im 3. Stock automatisiert.

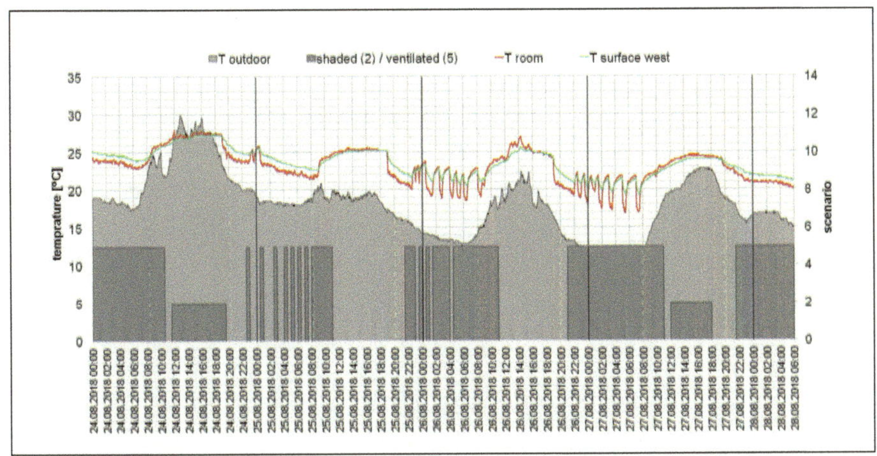

Abb. 5: *Temperaturverläufe an vier Tagen mit Temperaturabfall nach dem 24. mit „Flügel-schwingen" in den Nächten 25./26. und 26./27. aufgrund nicht prädiktiver Steuerung und damit suboptimaler Ausnutzung des Kühlpotenzials.*

4. Zwischenergebnisse

Im Sommer 2018 wurden sensorge-stützte Szenarien mit einfachen Steu-erungsalgorithmen getestet. Auffällig ist das häufige Schließen und Öffnen von Fenstern („Flügelschwingen") auf-grund von Nacherwärmungseffekten durch nicht vollständig entladene Bau-teile. In kälteren Nächten wurden die Fensterflügel frühzeitig geschlossen, da die Oberflächentemperaturen un-ter der Schwelle von 21 °C fielen.

Durch die noch in den thermischen Massen gespeicherte Wärme stieg die Oberflächen- sowie Innentemperatur jedoch innerhalb einer halben Stun-de wieder um mehr als 0,5 K an. Dies resultierte in einem wiederholten Öff-nen und Schließen der Fenster („Flü-gelschwingen") bei Einsatz der sensor-gestützten Regelung (siehe Abb. 5).

2019 wurden zeitbasierte Szenarien evaluiert, um Basisdatensätze für das Training neuronaler Netze der MPC zu erstellen. Die Einflussgrößen während der Nachtlüftung auf den Raum wur-den somit künstlich auf ein Minimum reduziert, wobei die wichtigsten sich ändernden Einflussparameter Außen-und folglich Innentemperaturen sind. Der Status der Flügel und Jalousien ist während der 2019-Szenarien vor-definiert. Dies macht das Wärmever-halten des Raums vorhersehbarer und letztendlich nützlicher für das Traïnie-ren der neuronalen Netze.

Abb. 6 zeigt zwei verschiedene zeit-basierte Szenarien für eine typische Nacht in der Übergangszeit: Während Szenario 1 vom 31.5. bis 4.6. durch drei Stunden Nachtlüftung von 4 bis 7 Uhr und Beschattung von 12 bis 19 Uhr charakterisiert ist, wurden in Szenario

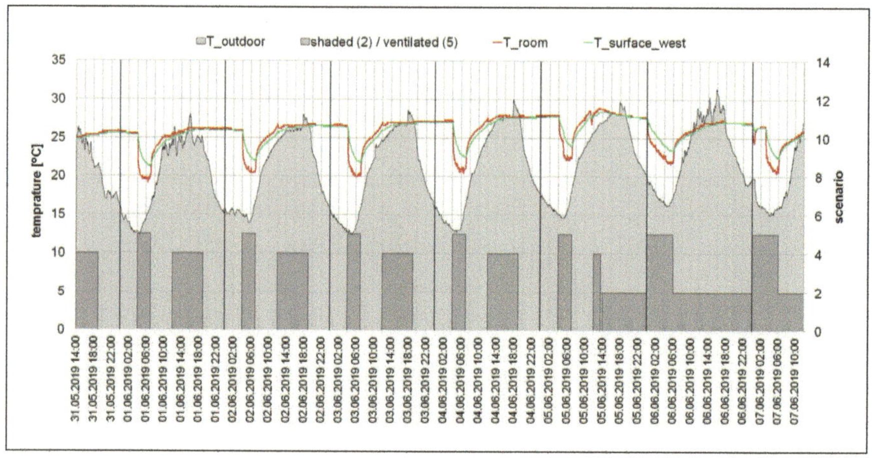

Abb. 6: *Zwei zeitbasierte Szenarien im Juni 2019 für das Training von MPC-Neuronalen Netzen ohne Unterbrechung der Raumkühlung durch „Flügelschwingen" als Trainingsdaten für die MPC.*

2 ab 5.6. die nächtlichen Lüftungsstunden von 0 bis 6 Uhr mit vereinfachter Beschattung während des restlichen Tages verdoppelt. Die Effizienz hängt von der Abstimmung der Zeitperioden und der minimalen Nachttemperatur ab. Nachteilig ist, dass sich die Fenster in kälteren Nächten z.B. im Spätherbst oder Winter auch dann nicht schließen, wenn die Innentemperatur unter die Komfortschwelle (beispielsweise 15 °C) gefallen ist.

Im Living Lab wurden analog zu Abb. 6 zusätzlich weitere Szenarien gefahren und damit unterschiedliche Innenraumbedingungen gezielt erzeugt. Diese Messdaten werden direkt für das Modelltraining der MPC genutzt. Vorläufige Tests der MPC-Kontrollstrategie, die nur auf dem Raumtemperaturdatensatz beruhten, wurden an 6500 Messwerten durchgeführt. Die erreichte Genauigkeitsabweichung der einstündigen Vorhersage lag unter 3% oder 0,9 °C knapp unter der Genauigkeit typischer Temperatursensoren. Abb. 7 zeigt in normalisierter Form die Abweichungen der Vorhersagen im Trainingsdatensatz (orangefarben) und der Testdaten (grün) von den tatsächlichen gemessenen Werten (blau).

Es ist zu beachten, dass dieser Datensatz weder den Zustand der Stellantriebe noch sonstige die Raumtemperatur beeinflussende Faktoren berücksichtigt. Aufgrund der Tatsache, dass die MPC stündlich Korrekturanalysen und -maßnahmen durchführt, werden auch ungenaue Vorhersagen kompensiert. Die MPC-Steuerungsstrategie weist daher ein hohes Potenzial auf, eine höhere Effizienz der Systemleistung im Vergleich zur zeit- und sensorgestützten Steuerung zu erreichen.

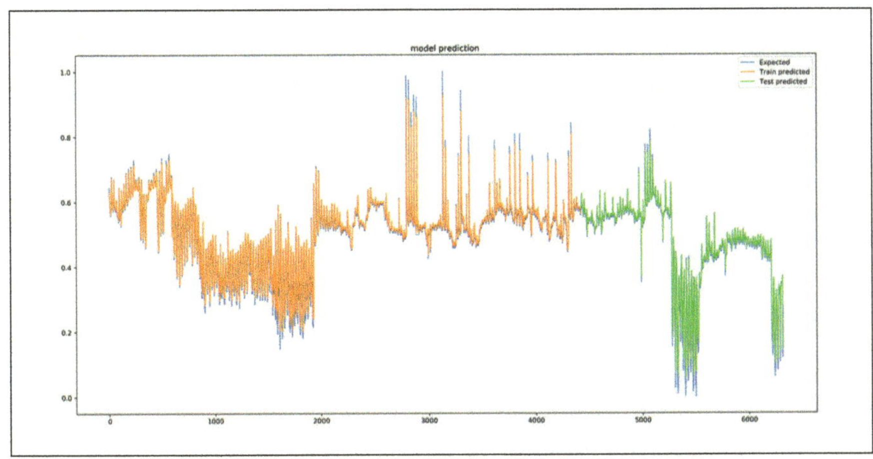

Abb. 7: *Vorhersagegenauigkeit eines einfachen auf Raumtemperatur basierenden neuronalen Netzwerks (blau - tatsächliche Werte, orange - Vorhersagen für Trainingsdaten, grün - Vorhersagen für Testdaten).*

5. Diskussion und Ausblick

Die Nutzung von bestehenden Anlagen wie Fenstern, Türen oder Rauchabzügen zur Gebäudekühlung mittels Nachtlüftung kann einen wichtigen Beitrag zur energieeffizienten Kühlung von Gebäuden leisten. Vor allem alte und historische Gebäude stehen vor neuen Herausforderungen durch sommerliche und übergangszeitliche Überhitzung, weisen aber aufgrund großer Speichermassen sowie ihrer Beschränkung für technische Einbauten ein großes Potenzial für die vorgestellte raumbasierte Steuerungsstrategie auf. Die Verwendung von Kastenfenstern zur natürlichen Nachtlüftung erweitert ihren Zweck zu einer intelligenten Öffnung in der Gebäudehülle.

Es wurden Messergebnisse zur Leistungsfähigkeit sowie Grenzen sensorgestützter Steuerungen für die fensterbasierte Nachtlüftung vorgestellt, aber auf Basis dieser Daten auch eine modellprädiktive Steuerung (MPC) mit neuronalen Netzen entwickelt. Erste Simulationen, die auf einer vereinfachten nur auf der Raumtemperatur basierten MPC-Strategie basierten, zeigten bereits gute Ergebnisse mit Abweichungen in der Größe der Messungenauigkeit der Sensoren.

Ein wesentlicher Teil der zukünftigen Arbeiten wird die Validierung des Simulationsmodells durch weitere Messungen und Parameterstudien innerhalb der dynamischen Simulationsumgebung IDA ICE sein. Sowohl die Messungen als auch die dynamischen Simulationen werden dann zur Entwicklung und Verbesserung der MPC-Strategie verwendet. Zusätzlich müssen Änderungen des Luftstroms und Auswirkungen der Querlüftung auf die Steuerung untersucht werden. Im Jahr 2020 werden schließlich in einem Büroraum der Hofburg die Auswirkungen und die Leistungsfähigkeit des maschinellen Lernprozesses experimentell evaluiert. ◆

Literaturverzeichnis

[1] Artmann, Manz, Heiselberg, "Climatic potential for passive cooling of buildings by night-time ventilation in Europe." In: Applied Energy, 84(2), 2007, pp.187-201

[2] Bundesministerium für Land- und Forstwirtschaft, Umwelt, "Klimaszenarien für Österreich. Daten, Methoden, Klimaanalyse", final report ÖSK15, 2016

[3] Eicker, Schulze, "Kontrollierte natürliche Lüftung für energieeffiziente Gebäude". In: Pöschk, Jürgen (Hrsg.), Energieeffizienz in Gebäuden – Jahrbuch 2012, WME Verlag, 2012, pp.235-250

[4] Eicker et al., "KonLuft - Energieeffizienz von Gebäuden durch kontrollierte natürliche Lüftung." Projektträger: Bundesministerium für Wirtschaft und Technologie (BMWi) Deutschland, 2016

[5] Heiselberg: "Hybrid Ventilation in New and Retrofittet Office Buildings.", Dept. of Building and Technology and Structural Engineering, Aalborg University, IEA Programme ECBCE Annex 35, 1999

[6] IEA EBC Annex 62: ventilative cooling; https://venticool.eu/annex-62-home

[7] Oldewurtel, F.; Parisio, A.; Jones, C.N.; Morari, M.; Gyalistras, D.; Gwerder, M.; Stauch, V.; Lehmann, B.; Wirth, K., „Energy efficient building climate control using Stochastic Model Predictive Control and weather predictions," American Control Conference (ACC), 2010 , vol., no., pp.5100,5105, June 30 2010-July 2 2010

[8] Chen Chen; Jianhui Wang; Yeonsook Heo; Kishore, S., „MPC-Based Appliance Scheduling for Residential Building Energy Management Controller," Smart Grid, IEEE Transactions on , vol.4, no.3, pp.1401,1410, Sept. 2013.doi: 10.1109/TSG.2013.2265239

[9] A. Nagy, A. Bratukhin and T. Sauter, „Efficient thermal modeling for distributed energy management in industrial buildings," 2015 Annual IEEE Systems Conference (SysCon) Proceedings, Vancouver, BC, 2015, pp. 309-316

Verzeichnis der Autorinnen und Autoren

Dipl.-Ing. Dr. Aleksey Bratukhin

Aleksey Bratukhin erhielt 1998 seinen Master an der TU Perm, wo er im Bereich Gebäudeautomation und verteilte Systeme tätig war. Seine Arbeit in diesem Gebiet setzte er ab dem Jahr 2000 an der TU Wien weiter fort. Dort schloss er das Doktoratsstudium zum Thema Agenten in der Fertigungstechnik („Manufacturing Execution System Distribution über Intelligent Software Agents") ab. Seit 2006 arbeitet er am Department für Integrierte Sensorsysteme der Donau-Universität Krems im Bereich verteilter Systeme mit Schwerpunkt auf Software-Agentensystemen und verteilter Steuerung. Derzeit arbeitet er an den Projekten CoolAir und SAVE mit dem Schwerpunkt auf maschinellem Lernen und modellprädiktiver Steuerung.

Dipl.-Ing. Christina Ipser

Christina Ipser studierte Architektur an der Technischen Universität Wien und arbeitete danach in einem Wiener Architekturbüro. Seit 2012 ist sie als wissenschaftliche Mitarbeiterin und Projektleiterin an der Donau-Universität Krems tätig. Sie befasst sich dort am Zentrum für Immobilien- und Facility Management des Departments für Bauen und Umwelt mit Schwerpunktthemen wie der ökologischen und ökonomischen Lebenszyklusbetrachtung von Immobilien, Planung und Betrieb von energieeffizienten und klimagerechten Gebäuden und der komplexen Wechselwirkung zwischen Menschen und ihrer gebauten Umwelt. In der Lehre ist Christina Ipser an der Donau-Universität Krems und an der FH Salzburg tätig.

Dr. Elfriede Neuhold

Elfriede Neuhold war nach dem Studium von Recht und Philosophie über 15 Jahre in der Wirtschaft in den Bereichen Recht, Immobilienverwaltung und Strategischer Einkauf, Umweltmanagement und Nachhaltigkeit tätig. Seit Herbst 2013 ist sie Lehrgangsleiterin für den Master-Lehrgang Facility Management bzw. Facility und Property Management am Department für Bauen und Umwelt, Zentrum für Immobilien- und Facility Management an der Donau-Universität Krems. Seit 2019 ist sie Nachhaltigkeitskoordinatorin für die Fakultät Bildung, Kunst und Architektur sowie SDG13- Klimaschutz-Koordinatorin der Donau-Universität Krems. Sie war drei Jahre Mitglied der Curricula Kommission und ist seit Wintersemester 2019 Mitglied im Senat der Donau-Universität Krems.

Mag. Dr. Elisabeth Oberzaucher

Elisabeth Oberzaucher studierte Zoologie und Anthropologie an den Universitäten Wien und Würzburg. Ihre Forschungsschwerpunkte sind Mensch-Umwelt-Interaktion, nonverbale Kommunikation und evolutionäre Gender Studies. 2016-17 war sie Professorin für Gleichsstellung, Adaptivität und Vielfalt an der Universität Ulm. Sie lehrt an der Universität Wien, der TU Wien und der Angewandten, ist wissenschaftliche Direktorin des Forschungsinstitutes Urban Human, Vizepräsidentin der International Society for Human Ethology und Mitglied der Science Busters. Seit 2019 Mitglied des Beirats der Seestadt Aspern. Ihr Buch „Homo urbanus, ein evolutionsbiologischer Blick in die Zukunft der Städte" wurde als Wissenschaftsbuch des Jahres 2018 nominiert.

Dipl.-Ing. Dr. Gregor Radinger, MSc

Gregor Radinger studierte Architektur an der Technischen Universität Wien und arbeitete danach in verschiedenen Architekturbüros. Seit 2009 ist er wissenschaftlicher Mitarbeiter am Department für Bauen und Umwelt der Donau-Universität Krems, wo er das Zentrum für Umweltsensitivität und das Lichtlabor leitet. Seine Forschungsschwerpunkte liegen in den Bereichen der Licht- und Tageslichtplanung und des klimasensitiven Bauens, einschließlich traditioneller und vernakulärer Bauweisen. Ein besonderes Augenmerk gilt in seiner Arbeit auch der interdisziplinären Vernetzung, und dabei vor allem dem Transfer und der Integration humanwissenschaftlicher Erkenntnisse in die Baubranche.

Dipl.-Ing. Dr. Christine Rottenbacher

Christine Rottenbacher studierte Landschaftsplanung und -ökologie an der BOKU, leitet ein Ingenieurbüro als Landschaftsarchitektin (Objekt-, Freiraumplanungen, Bürgerbeteiligung in Dorf- und Stadterneuerung, Landentwicklungsprojekte, Gartenplanungen), reflektiert ihre Arbeit in Forschung, wissenschaftlichen Beiträgen und im Unterricht. Sie machte ihr Doktorat an der TU Wien zu „Moved Planning Process" und gewann den Rupert Riedl Preis. Seit 2016 ist sie als wissenschaftliche Mitarbeiterin und Lehrgangsleiterin am Department für Bauen und Umwelt. Arbeitsschwerpunkte sind neben den Inhalten des Lehrgangs die sozial ökologische Klimaresilienz, Wirkungen und das Implementieren von GI, sowie das Entwickeln von Beurteilungstools zum Erheben von Biodiversität und kulturellen Ökosystemleistungen.

Dipl.-Ing. Wolfgang Stumpf

Wolfgang Stumpf ist Gebäudetechniker und studierte erfolgreich Architektur an der TU Wien, wo er aktuell seine Doktorarbeit schreibt. Wolfgang Stumpf verfügt über langjährige Erfahrung in Planung und Bau von energetisch und ökologisch optimierten Gebäuden. Seit 2007 lehrt er an mehreren Fachhochschulen und Universitäten in Österreich und Finnland Themen zu Bauen, Technik, Energie und Umwelt. Seit 2010 forscht Wolfgang Sumpf an verschiedenen Institutionen über Nullenergiegebäude, klimaneutrale Gebäude, Energie- und Komfort-Monitoring von Bestandsgebäuden und Neubauten. An der Donau-Universität Krems leitet Wolfgang Stumpf den CP Mehrgeschoßiger Holzhybridbau.

Dipl.-Ing. Dr. Daniela Trauninger

Daniela Trauninger studierte Bauingenieurwesen an der Technischen Universität Wien und war von 2001 bis 2009 bei der Firma iC consulenten ZT GesmbH tätig, wo sie für bauphysikalische Messungen, Einreich- und Ausführungsplanungen sowie die Erstellung von Gebäudezertifikaten zuständig war. Freiberuflich widmete sie sich in dieser Zeit der Baudenkmalpflege. Seit 2009 ist Daniela Trauninger an der Donau-Universität Krems, wo sie 2011 die Leitung des Zentrums für Bauklimatik und Gebäudetechnik übernahm. Ihre Forschungsschwerpunkte liegen im Bereich der zukunftsfähigen Gebäude- und Quartiersentwicklung. Der von Frau Trauninger geleitete Masterstudienlehrgang Building Innovation beschäftigt sich ebenfalls mit diesen Themen im Spannungsfeld des Klimawandels und der Digitalisierung.

Dipl.-Ing. Albert Treytl

Albert Treytl leitet er das Zentrum für Verteilte Systeme und Sensornetzwerke am Department für Integrierte Sensorsysteme der Donau-Universität Krems. Seine Forschungsarbeiten beschäftigen sich mit Kommunikations- und Sicherheitsaspekten sowie der vertikalen Vernetzung von Sensorsystemen. Ziel seiner Forschungsaktivitäten ist die Integration in extrem ressourcen-limitierte Sensorsysteme bei Beibehaltung der vollen Funktionalität. Aktuelle Projekte beschäftigen sich mit der Smart Grids, Energieoptimierung in industriellen und Dienstleistungsgebäuden sowie dem Einsatz von Sensoren in Verkehrsinfrastrukturen. Zusätzlich ist Albert Treytl auch noch in verschiedenen technischen Organisationen wie IEEE, CEN TC 247 oder IEEE1588 und wissenschaftlichen Konferenzen engagiert.

Dipl.-Ing. Markus Winkler

Markus Winkler ist als Bauingenieur seit 2012 wissenschaftlicher Mitarbeiter und stv. Leiter des Zentrums für Bauklimatik und Gebäudetechnik an der Donau-Universität Krems. Themen- bzw. Forschungsschwerpunkte bilden die thermische Bauteilaktivierung, energieeffiziente Gebäudekonzepte und die damit verbundene NutzerInnenzufriedenheit. Aktuelle Forschungsgebiete sind passive Kühlstrategien für Gebäude, die Verknüpfung von Mobilität und Wohnbau sowie die Erhöhung der Gesamtenergieeffizienz von Gebäuden. Seit 2017 leitet er in Kooperation mit Herry Consult den e-learning Zertifikatslehrgang E-Mob-Train (E-Mobilitäts-Training) sowie gemeinsam mit Daniela Trauninger als Lehrgangsleiter den neuen Master-Lehrgang Building Innovation (MEng).